奇妙

汤 琳 著

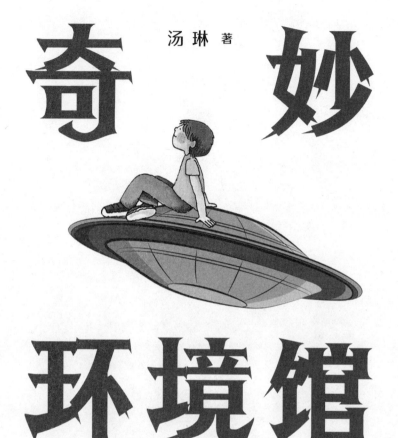

环境馆

Ｃ'Ｓ Ｋ 湖南科学技术出版社

长沙

目　录

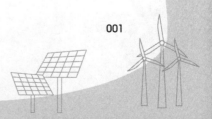

前 言

　　小时候住在大山里面，时常仰望着苍劲挺拔的山峰和四季变换的星空，会感叹宇宙浩瀚，万物璀璨，人类所能感知的世界博大而深远，人类所处的生态环境奇妙又复杂。如今从事环境学科研究与教育工作多年，何其幸运能够拥有机会怀着敬畏与好奇心去探索生态环境的奥秘，与一届届年轻的学生们共同分享我们的发现、共同探讨新技术和新方法。

　　因此，我想写一本书来介绍这个奇妙的环境，把我们探索它的所知所想分享给更多的读者。

　　环境是生命万物演绎的舞台，本书为这个舞台虚构了一个缩影——奇妙环境馆和一个外星来客——碳宝。有一天，一个普通的男孩，就是本书的主人公林小鱼，进入了奇妙环境馆，开始了他的科学探索旅程，遇到了可爱的外星来客碳宝。于是他们的所见所闻被记录下来，故事就这

样开始了。希望读者们通过林小鱼的目光，跟随他的脚步去追寻宇宙万物诞生的奥秘，探索地球环境演变的奇迹，了解科学发现和技术创新的驱动过程。

　　林小鱼在长大，碳宝启程去了其他星球，但我们在奇妙环境馆的旅程还在继续。让我们与孩子们一起踏上旅程，更加深刻地体会到美好的生态环境对于人类的重要意义。

树叶上的"邀请卡"

　　林小鱼放暑假了，今天上完了最后一天的课程，他一个人走在回家的路上。

　　下午五点，晴空万里，太阳虽已偏西，仍释放着炙热的能量。阳光照在小道旁高高的樟树上，热得知了们不停歇地发出"吱——吱"的叫声，好像在喊："热啊！热啊！"

　　林小鱼没精打采地走着，一脚踢开触碰到他脚尖的小卵石。"真没劲！"他咕哝着。

　　以往这个时候，他都在收拾行李，准备去海边游玩，或者去繁华的大都市参观千奇百怪的博物馆。就算爸爸妈妈没有出游的计划，他也可以和一群小伙伴报名参加野外

拓展活动。

可是今年，因为一种奇怪的病毒在全世界肆虐，孩子们都被劝导待在家中。妈妈没有制订家庭出游计划，也没有给他报名拓展活动，最有可能的是在他写完暑假作业之后，带他去山林间看看花花草草。

想到这里，他撇撇嘴，山上那些花草他已经看过很多遍了，也没看出什么名堂来。

一阵风吹过，捎带来一丝凉意，轻轻拂过他蓬松的卷发，似乎是无声的安慰。

他呼出一口气，回头望望他的学校，在白日的喧嚣之后归于宁静，渐渐隐在山坳中。再远处，就是夕阳映照下的漫山遍野的翠绿。盛夏傍晚的山野景色显得格外迷人。

"如果有奇迹发生就好了……"林小鱼自言自语地转过身，忽然一片叶子轻飘飘地掉落在他的脚背。

他弯腰捡起这片叶子，对着阳光的方向看，发现上面赫然刻着两行字：

奇妙环境馆 邀请卡

兹邀请您于明天上午9:00到自然路1号奇妙环境馆参观。

林小鱼惊讶不已，定一定神，仔细翻看这片奇怪的树

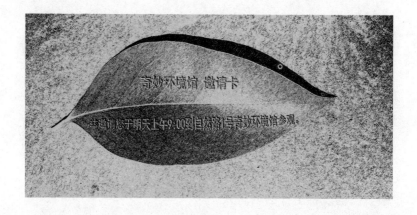

叶。他抬头望去，这片叶子似乎是从旁边这棵樟树上掉下来的。但是谁会在树叶上刻字呢？为什么这片树叶会不偏不倚地正好落在他的面前？

而且自然路1号就是林小鱼所在学校的门牌号码。他每天进出几趟，哪里看到过"奇妙环境馆"五个字？这是恶作剧吗？他脑袋里迅速闪过几个调皮同学的身影。

但是树上没有人，而且这条路上也只有他一个人。今天是他值日的日子，搞完卫生最后一个离开，同学们都应该走远了。

尽管满脑袋都是问号，林小鱼还是把树叶揣到口袋里，回家一定要给爸爸妈妈看看这张奇妙的"邀请卡"。

可是晚上回到家，林小鱼的事情就多起来了，比如吃饭时要多吃蔬菜，比如大人们都很关心的期末考试试卷

"品评"，比如孩子们都很关心的电视节目。等到他把这些事情做完，已经彻底把"邀请卡"的事抛到脑后了。

夜里，林小鱼睡着后，妈妈收拾他换下来的衣服，发现裤子口袋里有一片树叶。

"这孩子又乱捡叶子回来。"她顺手把树叶搁在洗衣机旁的窗台上。

夜静悄悄的，窗外的微风轻轻地吹拂着林小鱼家的丝绸窗帘，不远处的小荷塘里传来"呱——呱"的蛙鸣声。在皎洁的月光下，那片写着"邀请卡"字样的树叶侧卧在窗台的边沿上，随风轻轻颤动着，不一会儿就掉落下来，正好落在一盆含苞待放的茉莉花枝头上，又滑落在花丛中。花盆里的一个小花苞感受到了这轻柔的变化，摇了摇脑袋。

奇妙环境馆在哪里？

　　这一夜林小鱼的梦里总有一片树叶在飘啊飘。早上一睁眼，他就赶紧爬起来找昨天收到的树叶"邀请卡"。

　　"妈妈，我昨天穿的裤子呢？"

　　"你换一条穿吧，昨天的裤子我给你洗了。"

　　"怎么就洗了？我口袋里有重要的东西。"

　　"是不是一片树叶啊？那有什么重要的？这些东西放在裤子里面会烂掉的。"

　　"哎呀，那不是一片普通的树叶！放哪里了呢？"

　　"你呀，自己乱放东西找不到吧。幸好我昨天发现了它。我记得昨天是放在窗台上了，"妈妈往洗衣机方向瞟了一眼，"咦，不见了？"

林小鱼跑到窗台边，上上下下找了个遍，最后在花盆里看到了一片微微卷曲的叶子。他打开看，就是一片普通的樟树叶嘛！上面除了叶子的脉络什么也没有，倒是花盆里面的茉莉花绽放了，芳香扑鼻。

"雪白的小花好漂亮啊！"妈妈走过来，笑嘻嘻地望着这朵茉莉花，"林小鱼真能干，你养的小茉莉一夜之间开花了！哎，怎么你还不开心呢？"

林小鱼手里攥着那片卷曲的树叶，心里空落落的。

等爸爸妈妈上班以后，林小鱼一个人坐在书桌前对着暑假作业本发呆，脑子里却一直浮现着那张树叶"邀请卡"的内容，搅得他半天一个字都没有写。

放下笔，他决心去学校门口看看。

"嗯，就算是恶作剧，我也要去揭开这个谜底。"他心里想着。

说做就做，他穿上球鞋跑下楼，朝校门奔去。

林小鱼的家离学校很近，他到达校门口，看了看手腕上的电话手表，时间是早上8:55。

"幸好赶上了！"他喘着气，抬头看到学校的铁栅栏门上赫然钉着"自然路1号"的门牌。

"咦，小鱼同学，你怎么今天还来学校？"一位年轻漂亮的女老师从旁边走过。原来是教林小鱼音乐的汪老师。

林小鱼不好意思提起那张不可思议的"邀请卡"，想了想说："汪老师好！我在这里玩一下。"

"哦，放假了还来学校玩啊，真是喜欢学习的好孩子！"汪老师笑道。

"嗯……"林小鱼更不好意思了，"汪老师，您在学校附近看到过叫作'奇妙环境馆'的地方吗？"

汪老师想了想，困惑地摇摇头："没见过。学校旁边都是山林，没看到过你说的什么'馆'。今天我约了其他老师去办公室讨论事情，得进去了。你一个人赶紧回家吧，别在路上玩。"

"好的，汪老师您先忙，我家就在附近，我很快就会回去。"林小鱼点点头。

汪老师带着歉意笑了笑，转身进了校门。

林小鱼挠挠头，心里想着："学校建在山坳里，门前只有这一条小路延伸出来，叫作自然路。自然路1号除了是这所学校，还能是哪里呢？"

自然路 1 号

　　早晨的天色有些阴沉，昨天的炎炎烈日今天躲在云朵后面睡懒觉去了，还没有露出脸儿来。云层越来越厚，好像随时会降下雨来。

　　林小鱼又看看电话手表，时间已显示9:00。再看一眼铁栅栏门上的门牌和门内空无一人的操场，他心一横，伸手推开了铁栅栏门。

　　就在他推门的一瞬间，他突然感觉眼前一暗，哪里还有操场和教学楼？他发现自己站在一个高大空旷的大厅之中，四周是灰暗的墙，而身后是一扇紧闭的、足有三米高的金属门。难道刚才他是从这里推门而入的？

　　室内光线很暗，他害怕起来，赶紧转身想推开那扇金属门回到原来的地方。

　　此时，身后传来一个好听的声音："欢迎来到奇妙环境馆！"

三个奇怪的问题

林小鱼循声回头，看到大厅中央站着一位身着白色连衣裙、长发披肩的年轻女子。她五官清秀，明亮的双眼像湖水一样清澈，脸上带着温柔的笑容望着自己。

"她是什么时候站在那里的啊？"林小鱼心里纳闷。

"你好！我叫苏珊，是奇妙环境馆的讲解员。欢迎你来这里参观，林小鱼同学。"苏珊的声音像柔软的丝绸一样轻轻的，缥缈而又清晰。

"你认识我？"林小鱼惊讶地指着自己。

"是的，我还知道你是一个喜欢参观博物馆、喜欢搭建飞船模型、喜欢读恐龙故事、喜欢问问题、喜欢思考的

孩子。"

"你怎么会知道这么多？"

苏珊抿嘴笑了笑："这是个秘密，以后你会知道的。"

她停顿了一下，说："今天你是奇妙环境馆尊贵的小旅行家，我来为你的奇妙旅行作介绍。"

"旅行？就在这里吗？"林小鱼瞧了瞧空荡荡的四周，"可是这里一无所有啊。"

"是的，这里是我们出发的地方。奇妙环境馆很大，大到你无法想象，"苏珊眨眨眼，继续说，"但在你出发前，我要先问你三个问题。"

林小鱼听到旅行就特别兴奋，可是还要先通过考验……没关系，兵来将挡，水来土掩，他平时对老师问的问题一般都有信心答上来，这么多年看百科全书、参观博物馆积攒的知识可不是白看的。

他扬起脑袋说："你问吧。"

苏珊点点头："第一个问题，环境是什么？"

"这个简单。环境就是我们生活的这个地方，有山有水有花有草。环境污染了，就不美丽了，我们也会生病。

所以我们要好好保护环境。"

苏珊笑了："不错！你知道的不少。下面第二个问题，环境是怎么来的？"

林小鱼皱皱眉头，这个问题有些奇怪。

如果问水怎么来的，他可以说是天上下雨，汇成河，再蒸发成云。

如果问花怎么来的，他可以说是土地里长出来的植物绽放的。

如果问小动物怎么来的，他可以说是动物妈妈们生的，然后跟她玩"鸡生蛋、蛋生鸡"的游戏。

可是她直接问环境怎么来的？环境包含了这一切！他总不能说环境是"环境妈妈"生的吧？

真是个奇怪的问题，似乎要追寻到一切的起点。他隐隐约约感到一颗星星在脑海深处闪烁了一下，可是又消逝得无影无踪。

"这个问题我不会……"林小鱼无奈地摇摇头。

"呵呵，没关系。你说不会，说明你已经在思考它了，"苏珊安慰道，"还有第三个问题，环境会发生什么变化？"

又是一个无厘头的问题。但是林小鱼还是试图回答，

理了理思绪，说："嗯嗯，我听老师说过温室效应的事情。有科学家预测，到2100年，全球温度会上升好几摄氏度，海平面也会上升。"

"那会带来什么后果？"

"全世界很多漂亮的小岛和海边的超级大都市都会被海水淹没。"

"你说得对。温室效应是一件会引起很多环境变化的事情，我们把这称为多米诺骨牌效应。你知道为什么会产生温室效应吗？"

"我去过的一个科技馆里面有温室效应的介绍。好像跟人类大量燃烧煤炭、石油产生的二氧化碳有关。但具体形成温室的过程很复杂，我没搞清楚。"

"很高兴听到你的回答，你是个很聪明的孩子，已经找到了问题在哪。接下来我们的旅程就是去解开这些问题。"

苏珊继续说："环境是个包罗万象的地方。它可以是整个地球，也可以是整个宇宙。它的范围随着人类思考的边界而变。甚至从一开始它就是宏大无比的，只是等待着人类去一一探寻。

"而且它也是一直变化着的，一秒都没有停下脚步。

它跨越空间和时间，从物质、能量到生命，构筑成了一个极其庞大的体系，丝丝相连。台风、海啸、瘟疫、污染，每一个现象的背后都有其物质和能量的驱动过程。

"我们拨开层层迷雾，去探寻最深层最本质的那个由来，摸清环境的脉动。你说，这是不是一个奇妙的旅程呢？"

林小鱼眼睛一亮："这就是你们建这座奇妙环境馆的原因？"

"是的，"苏珊点点头，继续说，"奇妙环境馆给来参观的孩子一次时空旅行的机会。旅程由好几段不同的目的站点组成。你可以在旅行中增长见闻，思考问题，找到答案。"

"你是指会穿越时空？"

"是的。"

林小鱼兴奋地搓搓手，又想到一个问题："可是，我在书上也可以学习到很多东西，为什么要穿越时空去旅行呢？"

"读书也是一个与作者对话、了解其观点的过程。但是观点本身的重要性远不及形成观点的过程，人类建造知识宫殿的方法比知识本身更重要。"

"我会让你与几位最早开始思考环境奥秘的人见面。你可以与他们交谈，相信会发现许多有趣的事情。当你拿他们作比较时，可能会有更惊奇的发现。"

林小鱼有些犹豫："我的旅行需要花多长时间呢？我今天出来得很急，爸爸妈妈并不知道我去哪里了。"

"这个不用担心。你旅程中的时间感受与这个空间不对等。就像一场梦一样，你会感觉经历了很久，但这里只是一小会儿。我很期待你结束旅程之后能够告诉我一些不一样的感受。"

听到这里，林小鱼开心极了，他急切地问："好啊！那我们去哪里旅行呢？怎么去呢？"

苏珊笑着说："别急。"然后，她拿出一副细细的墨镜，递给林小鱼，解释道："这是奇妙镜。戴上这个，我们马上就出发。"

林小鱼接过眼镜，翻来覆去仔细看，这奇妙镜和平时看3D电影的眼镜有些像，但是这个镜片是黑色的，并不透明，而且更加细长，中间有一个闪着绿光的小灯，其他就没有什么特别之处了。

"那是旅程进行中的标志。戴上奇妙镜后，你能看到右上角有个小绿点在闪。如果它快速闪动，说明当前站点的旅程即将结束，你会启程去往下一站。"

林小鱼对这个先进的技术似懂非懂。他戴上了奇妙镜，眼前瞬间变成漆黑一片，右上角果然有一个小绿点在缓慢而有节奏地闪烁。

此时，耳边响起苏珊的声音："天地溯源，万物寻踪。"

只见眼前迅速出现一个大大的气旋，空气快速流动。林小鱼喊道："可是你还没告诉我去哪里呢！"但一切都来不及了，一阵白光袭来，他感觉自己瞬间就被气旋吸了进去。

掉到坑里的人

　　林小鱼睁开眼，发现自己站在一块海岸的礁石上。天色很暗，四周无人。

　　天地交界之处隐隐看到一丝微光，似乎是朝霞将至，风声在耳边呼啸，是浪涛拍打岩石的声音。

　　林小鱼使劲揉揉自己的眼睛，确认这不是梦境。

　　"林小鱼，别怕，我一直在你身边。"苏珊的声音在耳边响起。

　　"这感觉太真实了！"林小鱼惊呼。

　　"嗯，这是你旅行的第一站，2500多年前的古希腊小亚细亚。"

"可是这里没有一个人，我能见到谁呢？"

"你往前走一点，马上就会见到了。"

林小鱼试探着往前迈了几步，发现自己竟然可以在这里自由活动。他伸伸胳膊、踢踢腿、摸摸脸，太神奇了！除了视野右上角有个一直跳动的小绿点，其他都是和现实一模一样。

此时，不远处传来一个声音："有人吗……有人吗……救命！"

林小鱼循着声音跑过去，看到石头间有个不大的坑洞，里面躺着一个老人，披头散发，穿着皱皱的长袍，显得筋疲力尽。

"老爷爷，您怎么掉到坑里了？"林小鱼趴到地上伸手去拉他。

老人挣扎着抓住他的手："我在夜里赶路，抬头看天空里的月亮和星星就被迷住了，没想到脚下竟然有坑。"

林小鱼费了九牛二虎之力，终于把老人拉了出来，两人并排躺在地上喘着粗气。

老人咕哝着："海岸边的石头硬邦邦的，硌得人背疼。如果我此刻是躺在尼罗河岸边松软的土地上就好了，那里太舒服了！"

"老爷爷，您夜里为什么不在家睡觉，跑到这海边做什么？"

"唉，我长年在外漂泊惯了。一回到家，我妈妈又催我在米利都城里找个老婆，可是现在我都这么大年纪了，哪里是成家的时候？"

林小鱼觉得有些不可思议："您这么大年纪还没有结婚吗？"

"呵呵，我年轻时觉得没到时候，应该先去周游世界向不同的人学习，错过了结婚的年龄咯。"

"您都去过哪些地方呢？"

"我去过巴比伦、埃及，他们有古老的文化和先进的技术，我在那里学到了不少东西。"

"真棒！您去过的这两个地方后来都成了传说。"

"怎么可能？我前段时间还亲眼见过法老王。自从上次我帮他们测量出了金字塔的高度，他待我如同兄弟一般。这次，我就是准备出海再去埃及转转，"老人兴奋地指着大海的方向，"你看那边，我的船都准备好了。"

说完，他就挣扎着起身。

林小鱼连忙扶住他："您这么大年纪，海上风浪大，不怕吗？"

"哈哈！"老人笑了，"我从年轻时就在海上周游世界，有什么可怕的？大海比河流要平静多了！我准备先开到克里特岛加点补给，再乘着小风很快就能到埃及。你知道吗？那克里特岛岸边的海水平静得像个大水缸，都能照出我的影子。"

他顿了顿，又小声说："你知道吗？我去了这么多地方，发现了这个世界的一个奥秘。"

"什么奥秘？"

"哼哼，这世界上的陆地其实都是漂浮在海水上面，大海把这些陆地分隔成了许多岛屿，每个岛上都有不一样的文明。"

林小鱼也跟着老人望向远处，感觉他说的似乎是那么回事，但又觉得哪里不对，正想问。老人突然猫腰躲到他身后："快！快走！我那两个徒弟又追来了！"

这时走已经来不及了。远处有两个人朝他们走来，走得很快。一个稍微年长的人穿着鲜黄色的长袍，另一个衣着朴素一些的年轻人跟在他后边。

"老师，您别急着离开，我们还有问题要问您！"中年人一边擦着脑门上的汗，一边急着赶到林小鱼他们面前问道，"您昨天课堂上说水是万物之源，有什么依据

吗？"

林小鱼侧身看看老人，原来他是位老师呢。

老人无处可躲，只好挺直腰板，清了清嗓子说："尼罗河每年泛滥，洪水退后留下肥沃的淤泥，淤泥中会长出无数花草和粮食，滋养了两岸的各种生灵。因此，水是一切的开端。你没看到连我们这片土地也是漂在水上的吗？"他指指远处的海。

"我承认这世界上水是最多的物质，但是也不能因此就认为水与其他物质有什么特殊的差别。水又是从哪里来的呢？我认为这世界一定有个开端，万物包括水都是由它而生，又复归于它，在这个过程中万物在生态位中此消彼长、互相补偿。也许这个开端就是无定的。"

"你看你看，他又来了，"老人转头对着林小鱼叹道，"他又要告诉我鱼是由泥巴变成的，再变成人。"

年轻人忍不住插话："老师，我的观点与你们都不一样。我认为万物之源是气，而不是水。"

"哦？为什么呢？"

"我们看到的不同物质形体只是气的不同凝聚状态，从风、云、水、土到石头，凝聚态从稀薄到密集，最终变成大地。气遍布整个宇宙，比水还多，在任何地方都可以找到。"

"好吧好吧，你们也不要和我争，我们各自去证明。"老人摆摆手，转身朝海边走去。

"老师，您不要丢下我们！"中年人笑嘻嘻地跟了上去，"别忘了您航海时还需要用我的地图！"

三个人形成一个奇怪的组合，一边争论着一边相互搀扶着，向海边走去。

这时太阳已经完全升起，金色的光芒洒在远处蔚蓝色的海面上，波光粼粼，偶尔泛起的白色波浪间有海鸥在飞舞鸣叫，它们也来为岸边即将远航的船送行吧。

此时，已走出很远的老人忽然想到了什么，停下脚步，转过头对林小鱼喊道："小家伙，今天会下雨哦，你快回去吧！"

话音刚落，林小鱼视野中的小绿光开始急促跳跃，一个大大的气旋出现在面前。

河水与活火

视野中的绿光又恢复了正常跳动，林小鱼想，自己应该是到达了新的一站。

他睁开眼睛一看，自己身处一片郁郁葱葱的密林中，不远处有一条小河，潺潺的河水蜿蜒流淌，空气潮湿而清新。

苏珊的声音又在耳边响起："这里还是小亚细亚，比你刚才所在的时空晚了50年。但这50年间，发生了希波战争，此地已经被波斯帝国占领。"

林小鱼惊讶道："原来我刚才见到的三个人生活在这么遥远的时空。可为什么我还能够听懂他们说的话，而他们也能听懂我的话呢？"

"你耳边镜脚上安装有一个语言系统，它使你能够听懂奇妙环境馆中所有时空的人的语言，并且可以无障碍交流。"

"太厉害了！"林小鱼赞叹，想到临别前他们正要去旅行，不知后来如何，就问，"那三人都去哪里了？"

"他们已经过世了。"

"好遗憾。他们是谁呢？"

"他们是很重要的思想者。但是对你这趟旅程来说，记住他们的名字并不重要，希望你能观察他们的思考方式，有自己的体会。"

"嗯，我会仔细观察的。我的外公常对我说，'上善若水'是咱们中国人古老的智慧。这和刚才那位老人家的话不知道是否有相似之处？"

"很好，你已经开始作比较了。后面的旅程你会有更多这样的机会。一定要记住，思考的路径比得到的结论重要得多。"

说完，苏珊的声音就消失了。

林小鱼慢慢开始适应这种"穿越"的旅程，在林间漫步，猜想着下一个见面的人会在哪里呢？

果然，他没有等太久，远远看到一个身影从林间走出，蹲到小河边双手捧起河水一饮而下。

林小鱼从来没有这样喝过野外未净化的水，妈妈说那里面有很多污染物。但这是两千多年前的河水，应该不一样吧。于是他走到那人近前问："先生，请问这河水好喝吗？"

那人停下动作，没有回头，只用低沉的声音答一句："不知道。"

"您怎么会不知道呢？不是刚喝过吗？"

那人站起来转过身，面对着林小鱼。林小鱼这才发现他身材魁梧，蓄着满脸胡须，双眼透露着敏锐的光芒。

那人很严肃地说："我刚才喝的是刚才的河水，你要问此刻的河水，它已经变化了。人不能两次踏入同一条河流。你踏入一次，水流走了，下次再踏入，新的水又来了。河水川流不息，这世界也变化不定。"

林小鱼眼前一亮："哦，您是说我们生活的世界无时无刻不在发生变化，白天和黑夜都是不一样的，所以我们不能用静止的眼光去看待事物。那是什么在驱动着这个变化呢？"

那人微微一怔，旋即道："你是个聪明孩子，这是问题的关键。我觉得驱动这一切变化的是火。"

　　"火?"

"是的。火是这世界上最美妙最无定形的本源。"

"水也是被火驱动的吗？"

"水的各种形态变化都是被火驱动的。"

林小鱼不认同，又问道："可是水火不容。水可以灭火，您怎么解释呢？"

"火不可能被彻底熄灭，它是宇宙永恒的活火。万物天生就是相互对立的性质，在相互转化中不断被创造和毁灭，没有永恒的存在，最终都会变成火。"

林小鱼还是有些不太理解，说道："嗯，您指的是万物天生就有对立面，所以不停地相互转化而运动，是吗？"

"是的，你看，冷变成热，热变成冷，湿的衣服会干，干的衣服会湿。这河水从高处流向低处，路有上升下降。对立和转化无处不在。"

林小鱼立刻又想到一个问题："火是无定形的，那么万物运动和相互转化也是无定的吗？"

"不，火驱使万物运动，就像牧羊人驱赶着牛羊一样。火驱动万物运动的每一次指令都遵循着它的逻辑。这种逻辑就形成了万物运动的秩序。"

"嗯，逻辑是什么样的东西？"

"这是我觉得最棒的发现。所谓'逻辑'就是万物运动遵循的尺度和规律。我这里提到的尺度，你可千万别和西西里岛上那个开坛讲学的老先生说的'数'相提并论！"

"数又是什么？是计算公式吗？"

"这是那位老先生想出来解释天地万物之间的关系的一种方法。他为此作出一整套数论和几何学理论，非常庞大复杂。他认为万物的本源就是这些数学关系。他去过很多地方，学习了很多学问，几十年前也曾在我们这里学习过一段时间，后来又去了埃及。前些年和他妈妈一起搬到西边儿的西西里岛，招收了许多门徒。"

"哦，那您有什么不同的看法呢？"

"我认为他用复杂的数学方法把万物之间的关系复杂化了，也固化了。我所说的'逻辑'是一个精妙无比的东西，没有复杂僵硬的'数'，而是用最简单的方式在万物变化中运转。所以你看，我更喜欢一个人在这荒郊野外过着简单的生活。"

林小鱼觉得自己好像明白了一点，慢慢点点头。那人终于露出一丝笑容，转身蹚河去了对岸。

眼前的小绿光这时开始快速闪烁，他又被旋涡吸进去了。

变戏法的人

这一次，林小鱼站在一个热闹的集市上，身边是一群身着长袍的成年人。他们都围着一位身材矮小的老人，好像在看他变戏法。

老人面前摆着一个水盆，里面装满了水。他手持一个精致的壶形铜器，铜器上有两个嘴。

老人将锃亮的铜器高高举起，并说道："诸位请看，这里面好像什么都没有。我将它浸入水中，如果水位升高，说明里面存在实实在在的东西，让水流不进去。"

说完，他卷起袖子，摁住了一个"壶嘴"，把铜器整个浸入面前的水中，果然，盆中水位升高了，水没有流入铜器之中。人群开始交头接耳。

"诸位，现在占据这壶内的就是空气！空气是真实存在的实体，它压着壶口的水不能进入。现在我松开手，你们就能看到水流入铜器，而其中的空气会成为气泡跑出来。"

他松开摁住"壶嘴"的手，气泡开始接二连三快速地冒出，盆中水位下降，不一会儿就充满了整个铜器。

人们纷纷点头称赞。

待人群散开，林小鱼走上前去，对还在收拾东西的老人说："先生，您这个实验我在学校也看老师做过。"

"哦，你的老师很厉害啊！这是我花了很长时间才想出来的，"老人惊讶地抬头说，"你的老师在哪里呢？"

"呃，她不在这里，不过她也许向您学习过。"

"哦，有可能，我经常会招学生讲学，来听我课的学生有很多。"

林小鱼灵机一动："我知道了，您是西西里岛上那位创立'万物皆数'的老先生。"

"我不是，"老人笑着摇了摇头，说，"那位伟大的人已经过世50多年了。不过这里确实是西西里岛，我的故乡。"

　　原来我在西西里。林小鱼想到这里，说："我之前在小亚细亚碰到几个人，他们有的说万物皆来源于水，有的说万物之源是气，有的说火才是万物之源。您今天做的这个实验也证明了空气是真实存在的实体。那么，您有想过万物之源是什么吗？"

　　"嗯，你的问题很妙啊！"老人捋了捋胡子，"我认为万物的产生和消灭是无休止的循环，不过有四样东西是永恒不灭的，那就是水、气、火与土。万物就是它们四种元素分合聚散产生的形体。"

　　"那是什么驱动着这些变化呢？"

　　"是'爱'与'憎'。'爱'能使事物团聚，而'憎'使它们分离。每一个事物都是由水、气、火、土通过'爱'与'憎'的作用团聚或分离，形成或消灭。"

　　"嗯，您说的也有道理，"林小鱼感觉他与之前见到的学者都不一样，"我在您之前见到的几位学者都喜欢把万物之源归结为一个事物或一种关系。而您是我见到的第一位认为有多个来源共同作用产生万物的。"

　　"嘿嘿，有的人相信这世界有四千多个来源呢。那是他们没有发现这些来源还可以再拆分追究下去。但是，我觉得水、气、火、土这四个元素已经很独立了，不能再拆分。"

老人摸了摸胡子，又道："不过雅典城里有一位想法很奇特的人，他主张万物是由无数肉眼看不见的微粒组成。"

"这个说法很不同呢。"林小鱼心中一动，这与他在学校听老师讲的微观世界的说法已经很接近了。

"他说一个人喝下牛奶，吃下鱼肉，却并没有变成牛奶和鱼，而是长出皮肤、骨头和头发。那就说明牛奶和鱼是由许多微粒组成，这些微粒到了人身上又会重新组成皮肤和头发。"

"就像搭积木？"

"是的，他还认为这些微小粒子中又包含着整体的每种特征，影响着整体的存在，就像种子。"

"像种子？哦，我明白了，种子虽小，却能长成参天大树！"

"是的。不过他的想法不切实际，甚至认为太阳也是一块燃烧着的巨大石头，你不要相信他。"

林小鱼反而感觉雅典城的这位学者说得更有意思。他可不认为这世界上的万物都是由水、气、火、土组成的。虽然这种说法与老祖宗传下来的金、木、水、火、土的演化理论有相似之处，但怎么解释黑洞的存在呢？怎么解释

暗物质的存在呢？对了，按照这时候的科学技术，人们还没有发现这两个怪家伙的存在吧。

　　想到这里，小绿光又开始快速闪烁了，林小鱼赶紧闭上眼睛。

花园里的闲谈

林小鱼再睁开眼时，发现自己趴在软软的草地上，在他前方不到一米的地方，有一只硕大的乌龟，与他大眼瞪小眼对视着。在他旁边的草丛中传来呻吟声，他转头看到有个人正捂着缠满绷带的脑袋坐在地上。这个人也看到了林小鱼，十分紧张，眼神充满了惊恐，从喉咙里发出高八度的尖叫声，一溜烟跑了。

林小鱼一骨碌爬起来，拍拍身上的草屑和灰尘，看看四周。自己正站在一个草木繁盛的花园外，而进花园的栅栏门微微虚掩着，仿佛在无声地邀请他入内。

他轻轻推开门，走了进去。

花园内种植着品种繁多的植物，很多都是从未看到过的。中央有一片空地，两个人正坐在那里喝酒聊天，不时发出爽朗的笑声。

其中一人举止豪放，神情自在地讲述着什么。另一人气质温和内敛，认真地聆听着。

林小鱼往前迈了几步，听到他们谈论的内容。

"我没想到马其顿还有你这么出色的医生，给那个家伙包扎的手法不错。很高兴认识你，朋友！"豪放者朗声说道。

"认识你也是我的荣幸。你是我在色雷斯见过的最博学的人。"医生说。

"咱们别互相恭维了。瞧！那边又来了一个少年朋友。"

两个人都转头望向了林小鱼。林小鱼不好意思地赶紧上前，鞠了一躬，说："抱歉，打扰到你们了。我正好路过，看到这片花园太漂亮就走进来了。"

"哈哈，来者是客，快来一起坐下吧！"豪放者笑呵呵地招呼他。

医生笑道："你算是来对了。这位先生去过巴比伦、埃及、印度，还在小亚细亚和雅典都学习过，很有一番见地。"

林小鱼非常欣喜，问道："先生，我最近听说雅典有一位学者说，万物是由看不见的微粒组成的，您对此有什么看法吗？"

豪放者哈哈大笑起来："哈哈，我知道你说的是谁。没想到这位老兄因为他独特的见解被赶出雅典，而他的观点却被传到这里。"

他继续说："是的，我的老师也持有相似的观点。我却有更进一步的想法。"

"什么想法？"林小鱼和医生异口同声。

"我认为万物的本源是原子和虚空。所有事物都是原子的结合，原子处在永恒的运动之中，虚空就是原子运动的场所。"

"那您说的原子是什么呢？"林小鱼追问。

"原子是世界上最小的物质粒子，它们不可分割。原子从古至今就存在，既不能生，也不能灭。宇宙中任何变化都是它们的结合和分离。"

医生问。"我今天来时看到你正在解剖的兔子也是原子构成的咯？"

"是的，原子是真正的元素。世间万物，有生命和无

生命的，都是由原子组成。"

"那这只兔子死了，它身上的原子会怎么样？"

"这些原子会再变成水、土、气、火等形体，并在某一个场合下参与组成新的生物。"

医生微微点头，陷入沉思。

此时林小鱼对万物之源和存在形态的讨论有了新的想法。不过科学老师说过原子里面还有原子核和电子，原子核还能更加细分，所以他对原子不可分割这个论断不太感兴趣。但是在这个时代，人们还没有认识到电力带来的辉煌，也没有显微镜，就能够认识到物质基本结构是看不见摸不着的原子，已经很了不起了。

"林小鱼，你在古希腊的旅行到这里就告一段落。接下来会送你到同时期的东方大陆，见识一下古老东方的思考方式。"这时苏珊的声音在耳边响起。

小绿点再次快速闪烁，林小鱼赶紧闭上眼睛。

骑牛的老人

一阵黄沙扑面而来。过了好一会儿，林小鱼才敢睁开眼，只见天高云淡，烈日当空，一座威武雄壮的城池矗立在不远处，灰色的城墙与青黄色的大地浑然一体，沉默而庄严。

一位青衣老人骑着一头黑牛从城墙下走来。他悠然自得，不急不缓，边走边唱着："道可道也，非恒道也，名可名也，非恒名也……"

林小鱼内心一阵激动，这是"穿越"到自家老祖宗的年代了吗？眼前这位老人是谁呢？

待青衣老人骑牛从他身边经过时，林小鱼忍不住上前

作了一个揖，说："老先生，您刚刚唱的词是什么呀？"

老人捋了捋胡须，笑道："呵呵，这是我刚刚在那座城关内作的一篇文章。那守卫城池的人一定要我写些东西，不写完不放我出关啊。没办法，我胡乱写了些，刚刚随意唱了几句，见笑了。"

林小鱼摆摆手，说："怎么会，您唱得很妙呢。不过我不明白，您说的'道'是什么呢？"

"'道'是万物之宗，是天地之源。万事万物都是从'道'中来的。"

"您可以用一个熟悉的方式打个比方，让我认识'道'吗？"

"用熟悉的方式也好，用不熟悉的方式也好，'道'肯定是可以认知的。但是这个认知道的方法又是变化的，我也没办法告诉你什么确定的方式啊。就像我这头牛，你今天叫它牛，明天就叫它牤，我们给万物起的名字也是变化的。"

林小鱼说："您是说我们可以认知'道'，但是我们认知'道'的方法是变化的？"

"是的。人对'道'的认知方式不是永恒的，而是随

着人的眼界和思维方式变化而不断变化的。人每对'道'
的认知更进一步，认知方式也会进步。"

林小鱼若有所悟："哦，就像有些人说万物是水，又
说是气、是火、是土、是它们的集合，又变成微粒、变成
原子，都是因为人对宇宙的认知方式在变化。"

"是的，无论他们说什么，都会变化。"老人点点
头。

林小鱼对老人的话突然产生一种似曾相识的感觉，变
化是永恒的……之前在古希腊也听到过。

林小鱼又换个角度问："那'道'是怎样产生万物的
呢？"

"'道'首先产生出混沌的统一体，再分裂出阴阳两
种气。阴阳二气对冲而形成很多东西，这就是万物。"

"如果万物是由阴阳对冲而形成的，那么万物本来就
自带两种不一样的性质吗？"

"是的，万物生于天地之间，都带有'道'的阴阳二
气，确切地说是背靠着阴，而向往着阳。这两个方面互相
对立又中和，使万物归于平和稳定。"

"那'道'又是如何驱动万物在天地间变化的呢？"

"万物自生自灭，而'道'又会驱使天地间诞生出新

的事物，这个过程绵绵不绝。"

　　林小鱼感觉老人所说的内容特别深远又难以琢磨清楚。

　　"不用急，"老人笑着拍拍他的头，"你以后会有很多机会了解我。"说完，他就骑着牛往远处走去，直至身影没入漫漫黄沙。

从洞里出来

小绿光的闪烁加速，物换星移，林小鱼又回到了熟悉的出发大厅。

"欢迎回到奇妙环境馆。"苏珊摘下他的奇妙镜，微笑地看着他。

"我回来了吗？"林小鱼揉揉眼睛。

"是的，感觉如何？"

"好像穿越了好多世界，如同做梦一般。"

"是的，虚拟现实技术可以让我们轻松地在真实与梦幻的场景中穿梭。"

"太厉害了！"

　　"你在那些奇妙世界里见到了不少人，从他们对天地万物的看法中你体会到什么了吗？"

　　"嗯……"林小鱼低头想了想，"我赞同他们的部分观点，也有不赞同的地方。但我最大的体会是三个词。"

　　苏珊笑着问道："是哪三个词呢？"

　　林小鱼举起一根食指，说："第一是本源。本源是他们共同思考最多的东西，就是组成万物的元素。有的人说是水、气、火或土这样能够看得见摸得着的东西；有的人说是微粒、原子这样看不见摸不着，但是能想象出实体的东西；东方的学者就直接说成了看不见摸不着也无法想象实体的'道'。后面这个是最难理解的。"

　　"第二呢？"

　　林小鱼举起两根手指，说："第二是关系，就是这些组成万物的元素之间的关系。有的人说是爱与憎，有的人说是对立转化，有的人说是阴阳对冲，有的人说是数。本源通过这些关系组成万物和宇宙。"

　　"嗯，确实各不相同。那第三呢？"

　　林小鱼举起三根手指挥一挥，说："第三是形式，就是万物存在的样子。有的人说是变化，像河水一样湍流不息、变化不定；有的人说是部分决定整体，像什么种子长成什么样的大树；有的人说是逻辑，万物运动会遵循规律；而东方的学者说是生生不息。"

　　苏珊很满意地点头赞许："很好！你总结得太棒了！我们现在将科学划分成了许许多多不同的学科，比如物理、化学、生物、材料，甚至还进一步细分成了更小的学科。这虽然有助于我们深入去了解宇宙万物这个大环境中的小奥秘，但难免会陷入管中窥豹的困境。人类最初认识和探索这个世界就是从你说的本源、关系和形式这些万物共通的角度着手的。还有一位伟大的学者，他也像你一样总结了前人的很多思想，提出了与你类似的说法，称为'四因说'。"

　　"什么是'四因说'？"

　　"他将万物之源归结为四个方面。一是'质料因'，即组成事物的元素；二是'动力因'，即驱动事物的关系；三是'形式因'，即事物表达出的本质；最后一个是你没有想到的'目的因'，即事物终极的目的。"

　　"事物也有目的吗？"

　　"他认为是有的，就是'理性'或者叫'善'。当然也有人认为'存在'即目的。"

　　"我不明白。"

　　"不急，这个也很有意思，你很快也会有机会了解到。"苏珊笑了笑。

　　"可是，这些人为什么非要追根溯源去探索宇宙万物呢？就这么快乐地生活着不是很好吗？"林小鱼疑惑道。

　　"你见过鼹鼠吗？"

　　"只在《动物世界》里见过鼹鼠。但我家曾经有过一只大老鼠，它在包水管的木板上打了个洞，到了晚上就出来找吃的，经常把厨房和餐厅翻得乱七八糟，还把我最喜欢的饼干都吃掉了大半。"说到这里，林小鱼咬咬牙。

　　"不论是鼹鼠还是老鼠，那你知道它从洞里爬出来第一件事是做什么呢？"

　　"找吃的吧？"

　　"不是。"苏珊摇摇头。

　　"哦，我想起来了。它一定是上下左右观察。我妈妈曾经在老鼠洞周围放了好多粘鼠板。可它太聪明了！竟然每次都能被它躲开。一点用都没有。"

　　"是的，这种住在洞穴里的小动物每次从洞里出来第一件事就是观察周围的情况，搞清楚自己面临的处境，然后再开始找食物的行动。这样它才不会在找到食物前死于非命。"

"哦，我明白了。你是说我们人类探索宇宙就像小动物从洞里探出脑袋看周围一样，是吗？"林小鱼眼睛一亮。

苏珊掩嘴笑了，说："是的。宇宙浩瀚，万物璀璨，人类所面临的情况比小动物要复杂得多，而人类所能感知的边界也比小动物要深远得多。如果我们不怀着好奇心去探索宇宙万物的奥秘，不去搞清楚这奇妙的环境之于我们的意义，又怎么能安全又可持续地享用其中的资源呢？"

"原来如此，"林小鱼点点头，"看来探索宇宙万物的起源和命运，包括寻找人类自己存在的位置，是非常重要的事情！"

外景解说员

苏珊微笑着摸摸林小鱼的头，说："你现在应该能体会到，人生于自然，又属于自然。我们需要重新思考人与环境的关系。"

"嗯，你说得对！可是宇宙这么大，万物这么多，我们应该从何处着手才能了解到它的全貌呢？我们头顶的星空是那么的遥不可及，要怎样才能了解到人类文明和这浩瀚宇宙有什么关系呢？"林小鱼说到这有些失落。

苏珊露出神秘的笑容："不用担心。虽然我们很难一下子了解整个自然动态变化过程，但是有一个小家伙可以帮助你把知识的碎片串起来，形成一个系统性的认识。"

"小家伙？谁呀？"林小鱼惊讶道。苏珊侧了侧身，一个身体胖乎乎，脑袋圆溜溜的小男孩从她身后走了出来。

实际上，这可不是一个普通的小男孩，他个头只有一个西瓜那么高，只在头顶最顶端的区域长了一小撮头发，卷卷的。眼睛亮晶晶的，特别大，炯炯有神。小鼻子和小嘴巴肉嘟嘟的。走起路来笨拙而又可爱。小男孩走到林小鱼面前，笑嘻嘻地自我介绍道："嗨，林小鱼，我是碳宝。很高兴认识你！"声音干净清脆。

"嗯……你好……你好小啊！"林小鱼蹲下来望着碳宝，惊呆了。

苏珊说："碳宝从银河系中另外一个星球来到地球旅行，这段时间应聘到奇妙环境馆担任外景解说员的工作……"

"等等！"林小鱼有些不敢相信自己的耳朵，"你是说他不是地球人？"

"是的。"苏珊和碳宝一起点点头。

"那……你是外星人？"

"没错！"碳宝笑嘻嘻地转了个圈，说，"用你们地

球人的话说，我是外星机器人。我刚刚到达这个星系。你看看我的样子是不是与你们很相似呢？哈哈哈！"说完他兴奋地转了个圈。

"其实不怎么像啊。"林小鱼腹诽道。他说："你从外星来一定走了好多光年的路吧，花了多长时间呢？"

"没多久，我的太空漫游经历才两百多年。"

"这么久？"

"宇宙旅行花这点时间不算什么。就算再久，能看到你们这颗位于银河系外围的蓝色星球，也是超值啊！这里太特别了！太美了！见到你更是让我开心。"

"我？"林小鱼指着自己的鼻子，"我有什么特别的?"

"嘿,你太特别了!你是一个生物!"

林小鱼耸耸肩:"地球上到处都是生物。"

"你是个聪明的生物啊!"碳宝举起小胖手拍了拍林小鱼的肩膀。他收回手交握着,说:"你知道吗?生物的存在就是地球最特别的地方!虽然我们这些机器人也是被智慧生物创造出来的,但是后来他们的星球环境污染过于严重,生存环境受到威胁,就驾驶宇宙飞船旅行到了我出生的星球,想要再创造出一个适合生物生存的环境。但是星球环境演变受到太多因素影响。尽管他们技术非常发达,已经创造出了我们这样的非生命智慧体,最终还是事与愿违。"说到这里,碳宝沉默了半晌。

他接着说:"所以,他们把探索适合生命生存繁衍的环境奥秘的任务交给了我们。经过很长时间的进化,在我们星系,非生命智慧体已经可以进行星际旅行,成立了星际科学考察舰队。你看,这是我的科考证编号。"说着,他掀开自己额际的头发,那里藏着几颗大大小小的雀斑似的斑点,不仔细看很难发现。

碳宝继续说:"这里是我到达的第101个星系,之前大都一无所获,但是终于发现了这一颗行星,简直是宇宙恩宠之星!"

　　林小鱼听明白了，站在他面前的是一个如假包换的外星人！不，是外星机器人！他拍拍自己的脸，感觉自己不是在做梦。

　　"林小鱼，碳宝加盟了我们暑期外景解说员的项目，"苏珊正色道，"他在地球这段时间想与奇妙环境馆的小旅行家们结伴同行，你可以与他一起去你们想去的地方。接下来的旅程中，相信他能帮你解答许多疑问。"

　　"我可以带他回家吗？"林小鱼惊讶地问。

　　"是啊，带我回家吧！我不用吃饭，不用喝水！"碳宝有些急切地说。

　　苏珊说："碳宝是机器人。他只需要每天吸收太阳光的能量就能正常运行。不过有件事，你最好不要把碳宝的秘密告诉其他人。"

　　林小鱼觉得这个主意太棒了！还有什么比带一位外星机器人朋友回家更令人兴奋的事情呢？想到这里，他朝碳宝伸出手，说："欢迎来到地球！"

星空下的屋顶

林小鱼带着新朋友碳宝回到家。碳宝兴奋地四处转着看着，对每一样东西都感到新鲜，尤其是阳台和厨房，他太感兴趣了，待在里面东摸摸西蹭蹭，嘴里不停嘟囔着什么。

他拿起一颗卷心菜，说："原来这个卷曲的胖家伙就是你们吃的纤维素。"

他打开冰箱，惊叹道："啊！这里有蛋白质、淀粉、脂肪，还有维生素，真丰富啊！"

林小鱼挠挠头，说："碳先生，我爸爸妈妈待会儿就下班回家了。我该怎么介绍你呢？"

　　林小鱼说这话时，碳宝正蹲在洗衣机旁的茉莉花边上，哼哼道："唔，芳香族化合物正源源不断地从这朵小花中散发出来。哦，你说什么？"

　　"我说，我爸妈快回来了，我怎样把你介绍给他们认识呢？"

　　碳宝连忙摆摆他胖胖的小手："你不用介绍我。他们回来之前我就会离开。"

　　"你去哪里呢？天快黑了。"林小鱼诧异地问道。

　　碳宝指指天花板："我可以去你家房顶啊！夜晚的月光肯定很美。"

　　"可是你怎么上去呢？"

　　碳宝得意地笑了："我可以飞上去。哦，现在就得走了。"说完，他快速地转身，头顶的小卷发竟然一根根延伸成直线，旋转起来，就像直升机的螺旋桨，带动他胖乎乎的身体很快飞了起来，在屋子里横冲直撞。

　　林小鱼赶紧把窗户打开。碳宝开心地吹着一声响亮的口哨冲了出去，转眼就不见了。

　　这时，妈妈恰好开锁进门，边换鞋边问："林小鱼，刚刚是你在吹口哨吗？"

　　"呃，你听错了，妈妈！是外面的知了在叫。"

　　"是吗？"妈妈奇怪地说，"哎呀，你怎么把窗户打开了？快关上！蚊子会飞进来的。"

　　林小鱼赶紧关上窗，心想，蚊子没飞进来，是外星人飞出去了。

夜里，林小鱼躺在床上，心里纳闷着，碳宝先生还在房顶上吗？他在干什么呢？他望着月亮和星空时也在寻找他的星球吧？那肯定是个很远的地方。

砰！砰！砰！

是敲打玻璃窗的声音。

林小鱼一骨碌爬起来，看到他有生以来见过的最诡异的画面：一个头顶着螺旋桨的胖乎乎的身体悬浮在窗外的夜空中。

他打开窗。碳宝冲他打招呼："长夜漫漫，无心睡眠吧，小鱼儿？想不想跟我一起上房顶看星星呢？"

林小鱼吓一跳："我怎么上去呢？"

碳宝伸出胖胖的手，说："来，让我抓住你的胳膊。"

林小鱼也伸出手，碳宝一把抓住他的手腕，像宽厚的橡皮箍一样牢牢套住了他，一把就把他带出了窗户，飞到空中。

"别害怕，我们马上就到屋顶了。"

林小鱼家住在顶楼，屋顶是由瓦片砌成的。他们躺在斜坡瓦片上，仰头就看到晴朗无云的夏夜星空。

"碳宝，你家在哪里呢？"

"那里，"碳宝指着一颗忽明忽暗闪烁着的星说，"那是我们的星系，我们也有一个太阳，与地球旁边的这颗太阳相似。只是你们的太阳正是中年，而我们的太阳已接近暮年了。"

"太阳还有年纪？"

"是啊，这宇宙中的一切都有它存在的时间长短。"

"那我们的地球存在多长时间了呢？"

"46亿年前由原始的太阳系星云演变而成的。"

"我之前在奇妙环境馆里见过一些学者。他们中有人说万物都是由原子构成的。请问地球是由原子构成的吗？"

碳宝慢悠悠地说："原子并不是物质的最小单位。不仅地球，就连宇宙诞生、演变的历史其实也是原子或者更小的粒子进化的历史。而且不同原子本身也会有不同的状态，所以我们把它们更确切地称为元素。

"地球上有94种不同的自然元素，但是都不是均匀混合和分配的。它们中有一个元素非常特别，虽然排不进地球上最丰富的元素前十位，却主宰了所有生命的物质、结构和能量。"

"你是指古希腊一位学者所说的万物都具备的质料因、形式因和动力因吗？"

"是的，小家伙！你很聪明啊！"碳宝笑着说。他肉肉的鼻子在笑时会翘起来，很有趣。

"那这是什么元素啊？竟然一个人决定了所有生命体的质料、形式和动力，太厉害了！"

"嘿，你想想我叫什么名字？"

"你叫碳宝……啊！是碳元素！"

碳宝笑嘻嘻地拍拍手："对了！地球上发生的这一切都要从碳讲起。这是地球生态环境独特的根源，也是它最大的奥秘。"

说到这里，碳宝激动地爬起来，站在这夏夜星空下的山间小楼的斜坡屋顶上，伸展开胖胖的胳膊，庄严地指着四周沉寂的大地，说："这是一个属于碳的世界！"

蛋白质的舞蹈

第二天早晨，林小鱼正在呼呼睡大觉，妈妈匆匆忙忙进屋把他唤醒："林小鱼，妈妈要上班了，今天外面空气不好，你在家记得关好门窗，别出门。"

"嗯嗯。"林小鱼迷迷糊糊地应答着。

"还有，桌上的燕麦粥和水果，记得早点起来吃。厨房高压锅里煲着鸡汤，电饭锅里有饭，是给你中午吃的，别烫着了！"

"哦，知道了！"林小鱼翻了个身，听见妈妈关门的声音。

他使劲吸了吸鼻子，没有闻到什么特殊的气味啊。他

抬头往窗外看，天空灰蒙蒙的，昨日的晴朗消失无踪，不知是不是有点雾霾。

忽然间，一个圆滚滚的东西从天而降，撞到窗棂上，发出砰的一声。林小鱼一骨碌爬起来。

"林小鱼！快让我进去！"原来是碳宝在击打窗户，差点把他忘在昨夜梦里面了。

林小鱼赶紧把窗户打开，胖球嗖一下就从窗页间挤了进来，落在林小鱼桌前，吐了吐舌头，说道："我正准备吃早餐……"

"你也要吃早餐吗？"

"就是借着早晨的阳光充满能量。哎呀，这不是重点！重点是空气中突然飘来这么多的有机物和微小的炭黑颗粒，越来越多。你知道是怎么回事吗？"

林小鱼点点头，竖起大拇指："你厉害啊！这么一点点空气污染都让你感觉到了。我们地球上有时会发生空气污染。你看这个。"林小鱼拿出妈妈留给他的手机，上面有个空气污染指数APP，现在显示是轻度污染。

"可能是附近有人在烧柴火吧。这里在山坳中，早上这个点，是不是山里头有人家在烧柴火做饭呢？"林小鱼说。

碳宝吸吸鼻子，摆摆手，说："不对，这不应该是植物纤维燃烧释放出来的烟气，而是石油或煤炭等化石燃料燃烧导致的。换句话说，这是汽车尾气或者工厂煤烟造成的。"

"你怎么知道？"

碳宝拍拍自己的胸脯，说："我的鼻子不是用来辨别气味的，而是通过分析空气中的主要组成成分来判断空气质量好坏。石油、煤炭等化石燃料含硫量高，燃烧释放的二氧化硫较多；而植物纤维含硫量低，燃烧时二氧化硫释放量较少。"

"为什么呢？"

"这就要从石油、煤炭化石形成的原因讲起了。地球历史上出现过几次生物大繁盛的时期，尤其是3亿多年前的石炭纪，大量的动植物尸体被埋在地底，经过几万年的演变形成化石燃料，也就是石油、煤炭。"

"那为什么这里面含硫量会增加呢？"

碳宝举着一根胖乎乎的手指在林小鱼眼前摆了摆，说："不是硫增加，而是经过亿万年岁月埋在地壳中的其他物质减少了。考考你，你还记得构成地球上的生命体最

重要的元素是哪个吗？"

"是碳啊！你昨天告诉我的。"林小鱼赶紧说。

"是的。要知道，地球生命体中的许多分子中也有硫。当一个碳骨架构成的有机分子中含有硫时，分子的稳定性会大大提高，能够熬过那漫长的地质时期存留到今天。"

"比如前几年，有地球科学家在临近你们的火星上采集到了一些含碳有机分子，都是含有硫的。这很正常，我们可以假设火星上曾经存在过生物，那么在恶劣的火星环境中，能够经历漫长地质历史时期存留下来的也就是这些噻吩类有机分子了。"

"噻吩类有机分子是什么东西？"

"是一类含有碳、氢、硫等元素的化合物。"

"动植物体内到底含有多少种元素呢？"

"这个问题问得好。其实只要大约20种元素就创造出了地球上所有的生物。"

"这么少？地球上有94种元素，为什么只有20种元素进入生物体呢？"

碳宝点点头："这是因为碳的选择。碳只乐意与这些元素待在一起啊。而且，由于碳最喜欢和氧、氢、氮一起玩，因此这4种元素就占了生物体的96%。"

"它们都组成了什么呢？能说具体点吗？"

碳宝用手指点了点林小鱼的腮帮，说："比如皮下这软软的部分是脂肪，就是碳骨架中加入了氢。"

林小鱼也戳了戳碳宝的小脸蛋，引得碳宝咯咯笑起来："我这里可不是脂肪，是硅胶。"

他转身走出林小鱼房间，来到厨房，指着桌上林小鱼妈妈做好的燕麦粥说："这里面含有大量淀粉，是在碳搭建好的大型宫殿中住进去了氢和氧。"

接着，他又打开冰箱冷冻层，拿出一盒牛肉，说："这里面含有大量蛋白质。它们是氨基酸的小分子手拉手排成的阵列。这些小分子有20多种，个个都是由碳骨架搭建起来，至少有氧、氢和氮插在其中，偶尔还有硫。它们组成蛋白质以后会邀请一些房客住进来，比如铁、铜，这些房客虽少，但却在蛋白质这所大房子里发挥着关键作用。"

林小鱼这时感到口渴，想起一早到现在还没有喝水，端起桌上的水杯一饮而尽。他抹了抹嘴，说："我记得以前有人说过，水是万物之源。那地球上有这么多水，对生物有什么意义呢？为什么我们平时要喝这么多水？"

碳宝说："水是碳最好的朋友！它是由2个氢和1个氧组成的原子三人组。在水中，碳骨架分子能自由活动，发挥最大的生命力。最早的生命体都是生活在水中的。上岸了的生命体仍然包裹着大量体液，把自己的细胞都浸泡在水中。在你的身体中，水占了70%。"

"碳骨架分子在水中是怎么活动的呢？"

碳宝侧头想了想，在原地挥舞起胳膊旋转，两只手臂像两条肥肥的小蛇一样柔软扭动，头发也瞬间展开，不停地扭转着舞动着，他还不时踢着两条腿。他边这样旋转着边说："看，这是一个蛋白质分子在水中的舞蹈。"

"还有，生物酶也是一种蛋白质，"他突然摆着手抓住餐桌上的一块糖果，又说，"看，这是一个蛋白质分子捕获到了接近它的目标底物。"

然后，他撕开糖果纸，把糖塞进嘴里，咀嚼了一下，吐出来的软糖已经变形成新的形状。他得意洋洋地说："看，这是一个蛋白质分子催化底物变成了一个新的产物。"

漆酶　　　　　　　酪氨酸酶　　　　　　辣根过氧化物酶

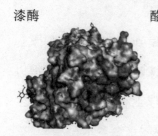
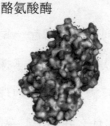

林小鱼看着他滑稽的样子，捧腹大笑："那如果没有水呢？"

碳宝马上停下动作，把身体缩成一团，耷拉着脑袋，说："看，这是一个失去了活性的蛋白质分子。"

搭积木的过程

吃完早饭，林小鱼邀请碳宝一起在客厅里搭建积木。他们准备组装一座航空母舰。积木是爸爸新买来的，作为林小鱼期末考试拿到两个100分的奖励。

碳宝用他胖乎乎的手指摆弄着积木零件很是吃力，看着林小鱼不断拆装零件的双手，感叹道："还是你这套机器精密灵巧啊！"

"啊？"林小鱼对他的说法不赞同，"我这怎么能是机器呢？是天生的，可不是组装的。"

碳宝说："嗯，'天生'是后来的故事。生命故事的开端也是一个搭积木的过程呢。"

"呃，此话怎讲？"

"首先，所有物质都是由原子构成。原子并不是静止的，而是永远处于动态过程中。当它们靠得很近时会互相吸引，但靠得太近时又会互相排斥。"

林小鱼拍了拍手，说："我在奇妙环境馆的旅行中，听一个学者说过，万物都是原子构成的。还有一个学者说过，组成万物的元素之间通过爱与憎相互作用，和你说的吸引与排斥非常相似！"

碳宝点点头，说："你理解这个就太好了！但是原子并不是最小的结构，它是由原子核和周围的电子组成的。原子核中又有质子和中子。电子在原子核外围有自己的轨道，大多数原子外层电子数有限，并没有充满这些轨道。"

他拿起两个小积木，一手一只，在空中相互接近，说："当这两个原子靠近到一定程度时，它们之间的引力与斥力达到平衡，它们外层的电子会发生共享，填补了各自的电子壳层。

"比如碳原子有6个电子，外层有4个。这4个电子就像4只手，可以与其他原子的外层电子不断共享成4个共价键或拆分开来，构建出各种各样的分子。并不是所有的原子

都像碳这么慷慨，有些原子外层电子需要强大的能量才能被释放出来与别人共享，"他做着剧烈抖动的样子去摇晃手中的积木，"因此，尽管碳只是宇宙中数量排名第四的元素，却构造了宇宙星云中90%的已知分子。要知道宇宙中数量最多的元素氢占了90%，氦占了9%，碳和其他元素加在一起只占了很少的比例。"

"那碳构成的新分子是什么样子的呢？"林小鱼好奇地问。

碳宝在地上摆弄着不同颜色的积木，说："比如它可以左手拉住另一个碳，右手拉一个与氢连接的氮，下边两条腿再各拉一个氢。它左手拉住的这个碳还有三只手，一只拉住一个带有氢的氧，两只与一个氧绑在一起。这样就构成了一个新的分子。"

"那是什么？"

"甘氨酸，人体蛋白质必需的零件之一。"

"太棒了！还真像是搭积木。"

喷发的高压锅

"碳宝，你说了这么多碳的故事，可是地球上的碳是怎么出现的呢？"林小鱼挠挠头。

此时，厨房传来连续的"扑哧"声。

碳宝皱皱眉，准备飞过去看看。

林小鱼按住他的肩膀，说："不用管它，那是高压锅在冒蒸汽，里面有妈妈早上炖的鸡汤。"

碳宝还是好奇地跑进厨房瞧瞧，笑着说："哈哈，这高压锅冒蒸汽的样子就像第一批到达地球的碳被喷出地面。"

"咦？你是说火山喷发吗？"

　　"是的，地球形成时夹带来的宇宙碳是与金属化合在一起，沉积在地球内部。那时没有大气层保护，地球表面被太空陨石砸了很多坑。地球内部极端的高温促使碳以气态的形式喷发出来，这就是二氧化碳。

　　"有时候彗星也从宇宙中送来冰和一些有机分子，它们蒸发时与地球自己不断冒出的二氧化碳共同形成了大气，这就是最早的'温室'。地球恰好处于一个非常棒的宇宙位置和时间。年轻的太阳发出的光和热没有现在中年太阳强烈。于是，在温室作用下，地球表面形成了液态水的海洋。"

　　"哇！这个过程还真是金、气、水、火俱全啊！就差木和土了。"

　　"嘿嘿，是这样的。接下来就要看这'木'，也就是生命登场了，然后才有土。"

　　林小鱼急忙点头，期待他讲下去。

　　碳宝在此处反而卖起了关子："生命最原始的特征有三个，你猜猜看。"

　　林小鱼一着急，就想到了："生命是活着的！"

　　"对了！你讲的是它的功能特征，它会进行新陈代谢。生物细胞一直在不断地改变环境中的物质，把它们变成更复杂更有序的有机分子和组织结构，而且会在这个过程中贮存或消耗能量。"碳宝点点头问："第二个呢？"

"唔……生物体都有细胞。科学老师带我们看过显微镜下的树叶切片，都是密密麻麻的格子组成。"

"这说明生命都有边界，把它自己的结构与外界区分开来。这个边界往往是由一种叫磷脂的有机分子组成的膜。在显微镜下，我们常常可以看到磷脂分子具有自行组装成囊泡的倾向，可以把许多物质包裹在其中。这是生命最原始的形态特征，"碳宝笑眯眯地打了个响指，"那第三个呢？"

"第三个是什么呢？"林小鱼又挠挠头，眼睛一亮，"我想到了！是'天生'！就是生命是可以生孩子的！"

碳宝笑了，与林小鱼击掌，说道："对了！自我复制是生命最原始的建构特征！注意，生命能够复制的是一种特殊的碳骨架分子——核酸。这个物质可以不断复制，是生命最为关键的发动机，促使细胞不断制造蛋白质，保持活性、分裂、生殖、演化，驱动了生命的生存和繁衍。"

"那核酸这么重要，是怎样形成的呢？"

"现在地球上的化学实验室中经常会发现在一定的压力、温度等条件下，某些无机高分子聚合物结构，比如蒙

脱石，可以成为模板，在金属催化剂作用下，合成一些有机聚合物分子。

"也许是在40亿年前，地球上有一些含碳分子被吸附到一个无机模板上，然后组合成了一个由戊糖、磷酸相连接，一侧挂着不同的含氮碱基的核酸聚合物分子。我们称之为DNA或RNA。而碱基排列顺序一开始是由这个无机模板结构决定的，其顺序不同就使得每个核酸分子本身成为一组特殊的密码，称为基因。由于碱基能够两两配对，因此除了单链的RNA、DNA，还有双链交联的DNA。接下来的故事就脱离了无机模板，完全交给基因了。

"但是，我们要注意，基因的复制有时会出错，会导致生命表现形式的改变，这就是演化。"

"你是说不同生物的出现就是基因复制出错的产物？"林小鱼问。

"是的。自然环境中能够自组装增长的过程有很多。比如无机模板自身也是复制增长出来的晶体。只是偶尔有些缺陷，改变其部分功能，也并不会遗传。但是基因的复制却是如此不同，它们错误的位点称为突变，当突变到一定程度，就会产生出具有不同特质的生物。而它们所处的环境会对这些突变的产物做出选择，决定这个生物是否能生存、繁衍，这个基因是否会继续复制、存在下去。"

"基因和千变万化的生物又有什么关系呢？"林小鱼进一步问。

碳宝向他翘起右手大拇指，说："问得太好了！基因并不是只进行自我复制而不干别的事情。比如单链的RNA或DNA分子，由于其单体分子组成和排列顺序不同，就会扭曲成特定的形状。经过筛选，可以捕获特定的小分子物质配对。我们把这种自带编码又能挑选特定目标的单链核酸分子叫作核酸适配体。它们可以适配很多不同的分子，当它们适配氨基酸分子时，能把编码信息转录成特定氨基酸序列，氨基酸序列可以进一步构造成蛋白质大分子。而蛋白质是构造生命体和实现不同功能的关键物质。"

"那基因会不停地转录吗？"

"通常基因是以双链形式稳定存在和遗传。只有在特定的条件下才会开启翻译蛋白质的通道。"

林小鱼感叹："生命的出现真是不容易。最早出现的生物是什么样子呢？"

碳宝眨眨眼，用一种神秘的语气说："嗯，那是一种原核微生物。它们虽然结构简单，只有一个细胞，还没有细胞核，功能却很完美。可以进行光合作用、呼吸作用、固氮作用，并对地球环境进行了翻天覆地的改

造，而且一直繁衍至今，长盛不衰，堪称地球历史上最厉害的生物。"

林小鱼非常吃惊："竟然还有这样的生物！是什么啊？"

碳宝指指外面的蓝天，笑道："它们住得很近，下午我们一起去拜访吧。现在太阳出来了，我去充会儿电。"

无名之辈

这个夏日的午后，太阳驱散了云雾，温度还不算太高。

林小鱼和碳宝来到了家附近的小池塘边。微风阵阵，吹起荷塘中一汪绿水，泛起层层涟漪。

林小鱼顺手捡起一个小石子扔进池塘，发出"咚"的一声，激起几朵绿色的浪花。

"咦，这池塘水又变绿油油了，"林小鱼嘟囔着，"你说的地球历史上最厉害的生物在哪里呢？"

碳宝笑嘻嘻地说："远在天边，近在眼前。喏，就在这水中呢。"

　　林小鱼瞪大眼睛，说："这水都被一层绿油油的藻遮住了，啥也看不见啊？难道，你说的就是这个藻？"

　　碳宝点头道："是啊！这种绿油油遮盖住整个水面的生物叫作蓝藻，又叫蓝细菌。它们并不是藻类植物，而是一种单细胞微生物，最擅长吸收太阳光进行光合作用。你肉眼看不见它们的身体，但是在阳光下，它们生长非常迅速。如果刮起风来，它们只要一两天就可以铺满整个池塘、整座水库、整片湖泊，甚至整片海域。这个现象叫作水华。"

　　"哇！难怪这池塘经常变得绿油油的，尤其是在夏天阳光强烈的时候。"

"是的。它们如果长得太快，就会迅速隔绝水体与空气，造成水中生物集体缺氧。大量死去的鱼虾尸体分解成营养元素进一步供给蓝藻生长，水质越来越差，形成恶性循环。这叫作水体富营养化。有些蓝藻还会分泌出有毒的物质，我们称为藻毒素，危害到人的健康。"

"原来蓝藻这么坏啊！我们得想办法消灭它们！"

碳宝摇摇头，说："呃，也不完全是。如果没有蓝藻，也没有后面的多姿多彩的生物。地球就不是今天这美丽的蓝色星球了。"

"哦，为什么呢？"

碳宝指着天上的太阳，说："你看得到太阳边上的一颗小亮点吗？"

林小鱼眯着眼睛望了望，瞬间眼泪飙了出来，说："太刺眼了，这么亮的一个大太阳挂在那里，哪还看得见其他亮点？"

碳宝遗憾地摇摇头，说："唉，看来人类的肉眼白天很难看到它。那是金星，距离地球最近的一颗行星。它看起来与太阳很近，其实它与太阳的距离并不比我们远多少，而且它的体积和质量也与地球非常相似。人类还认为

它是地球的姐妹星呢。

"但是你知道吗？这样一颗与地球如此相似的星球表面温度竟然达到480摄氏度。"

"天哪！怎么会有这么高的温度？"

"还记得我昨天跟你说的地球最早的温室吗？"碳宝用小胖手挼了挼头顶小卷毛。

"记得啊！地球刚形成时，就像我家的高压锅，内热外冷，二氧化碳从陨石砸的孔洞中冒出来，形成最早的大气温室。"

"是的，金星在早期也必然经历了与地球类似的过程。要知道太阳向地球和金星发射的光波是短波辐射，而地球受热后向外放射的属于长波辐射。二氧化碳是一种特别能吸收长波辐射能量的分子，它挡不住太阳发向行星的短波辐射，却将行星地面温度升高后向太空发出的辐射拦下来，并反射回地面，就像给行星穿上了一层保温的棉袄。大气中二氧化碳越多，相当于棉袄穿得越厚。现在的地球大气中二氧化碳只占0.03%，而金星大气中二氧化碳占了96.5%。"

"天哪！难怪金星有这么高的温度啊，原来是二氧化碳把太阳的热量都反射回来了，"林小鱼既惊叹，又感到非常疑惑，"可是地球和金星早期都在冒二氧化碳，为什么地球大气中的二氧化碳会变得这么少呢？地球喷出的二氧化碳到哪里去了啊？"

碳宝帅气地打了一个响指，说："这就是地球进化的关键所在。在地球大约8亿岁的时候，它跟着太阳漫游到了银河系中的某一个位置，在这个非常恰当的时间、恰当的地点，地球上第一种生物诞生了。"

"就是蓝藻？"

"是的。蓝藻，又称为蓝细菌，没有细胞核，但是细胞膜上附着有一种特殊的金属有机骨架分子，叫叶绿素A。太阳光子入射时，它的电子被激发跃迁开始流动，又从附近水分子中夺取电子，分解出氧气。这种能量在蓝藻细胞质中又传递给一种叫三磷酸腺苷（ATP）的高能有机分子。这个分子很不稳定，把能量又传递给二氧化碳，变成糖类有机物，从而供给蓝藻自身细胞营养。

"蓝藻通过这种原始的光合作用，源源不断地将大气中的二氧化碳吸收到自己体内变成营养物质，又释放出氧气返回到大气中。二氧化碳浓度就这样下降了。

"另一方面，许多生物分子的建造还需要氮。但是原始大气中稳定的氮是不能直接与碳骨架交联的。蓝藻需要

把大气中的氮和氢合成氨和其他含氮有机物，供给自身生长需要的原料。

"蓝藻吸收氮气和制造氧气的速度取决于它自身的营养需求。它这种特殊的口味决定了地球今天大气的组成。也就是氮气占78%，氧气占21%。地球大气的组成在蓝藻和后来演化出来的生物前赴后继的改造下发生了翻天覆地的变化。"

林小鱼若有所思："可是，后来演化出来的生物也有很多具有光合作用的能力。它们是怎样继承蓝藻的性能的呢？"

"这要归功于蓝藻的共生能力。蓝藻是单细胞生物，但它们会排列在一起形成群体，如丝状体；还会分泌出多糖类物质、蛋白质和核酸等组成的高分子聚合物，叫作胞外聚合物（EPS），用来把群体包裹起来，抵御外部环境的危害。蓝藻还可以和真菌紧密结合在一起，形成一种植物，叫作地衣，也能进行光合作用。

"更进一步，在地球生物演化过程中，蓝藻称霸了十几亿年。但后来有些蓝藻可能被更高级的原始真核细胞给吞进了体内，直接以叶绿体的形式与真核细胞共生。于是这些真核生物都具备了蓝藻的光合作用功能，并进一步演化出了各种绿色植物。"

林小鱼赞叹："哇！蓝藻真是了不起的生物啊！那二氧化碳被蓝藻和绿色植物吸收之后又变到哪里去了？"

"二氧化碳被汇聚到了大地上，进入了生物圈。不能光从空间上思考这个问题。回顾漫长地质历史时期，在地球元古宙时期大量的蓝藻和后来的绿藻变成了化石，叫作叠层石，都是由其细胞矿化形成的碳酸盐。在英国南部的多塞特岛，古老的海洋藻类生物被海浪拍打到岩壁上，死亡后形成了雪白的化石，其成分就是碳酸钙。

"蓝藻从38亿年前诞生之初至今，有很多已经藏匿到了更高等的生物体内，成为无名之辈。但它们在驱动地球碳循环过程中发挥着重要作用。"

"哦，我明白了！地球早期大气中的二氧化碳被蓝藻和它衍生出来的生物通过光合作用固定到体内，几十亿年来都变成了含碳的岩石。"林小鱼恍然大悟。

碳宝非常高兴地与他击掌，说："对了！还有很多地质历史时期的动植物被埋在地底演变成煤炭、石油、天然气呢。好了，回到我们最初的问题。地球自从有了蓝藻，就开始了将大气中的碳持续不断通过生物圈沉积到地壳中

的过程。"

林小鱼拍了拍胸脯，说："那我们这些生物平时还会呼吸呢。吸进去氧气，呼出二氧化碳，又会使大气中二氧化碳浓度升高吧。"

碳宝点点头，说："不光生物呼吸，还有偶尔的火山喷发，大西洋海底中脊裂谷也在不断往外喷二氧化碳。碳从地球内部喷出或彗星带来，从地球形成初始到现在的人类世，历经46亿年，穿越了地壳、空气、水、生命体、土壤，保持着总量不变，大多数又都埋藏在岩层中。而在地表展开的碳循环中，气、水、土，蓝藻、细菌、植物与动物彼此沟通，万物在碳的旅程中各安其位，各司其职。"

山顶上的湖泊

　　林小鱼和碳宝结束了池塘边的旅程回到家后就互相告别。

　　晚上吃饭时，爸爸提出周末到了，让林小鱼跟他去山上练太极拳。林小鱼很开心，他从小就和爸爸一起跟着山上的老道长学太极，很喜欢这项运动。

　　第二日清晨，林小鱼换上宽松的白色练功服，和爸爸沿着家门口的山路很快爬到了山顶。

　　山顶有个不大不小的湖，水极清澈，有数只野鸭在湖中游弋嬉戏。

　　天高云淡，风和日丽，林小鱼打完了一套太极拳后，

感觉通体舒畅，神清气爽。爸爸与老道长去湖边凉亭里喝茶聊天，嘱咐林小鱼不要跑远了。

林小鱼正蹲在湖边堆石子儿，突然听到身后传来小马达的嗡嗡声，回头一看，原来是碳宝从树上飞了下来。

"咦，你怎么找到这里的？"林小鱼感到惊喜。

碳宝赶紧伸出胖手捂住林小鱼的嘴，压低嗓音说："小点声，别让你爸爸发现我了。"

林小鱼点点头，小声说："刚才我还在想如果你今天来找我玩，怎么办呢？"

碳宝笑嘻嘻道："嘿嘿，我一早就看到你们往山上走，就悄悄跟在后头。这里好美啊！"说完，他就在湖边左看看右瞧瞧，很是兴奋，又打算飞起来。

林小鱼一把拉住碳宝的小脚丫，说："碳宝，你先别玩。我正好有个问题想问你呢。"

碳宝停下来，双臂交叉，神气十足，说："说吧，有什么问题呢？"

林小鱼抓了一把湖边的黑色泥土丢进湖水中，说："你看，这泥巴进入水中，一开始还是一团，很快就会四散开来。"

这时，从水中不远处游来了几条红色小锦鲤，拱了拱水中分散开的泥巴块，似乎感受到这不是美味，又游开去。

林小鱼说："你看，这些小鱼却会主动来找寻食物。"

他又指了指远处的树木，说："还有这些树会把枝叶尽量伸展到空气中吸收二氧化碳，让枝叶生长得翠绿鲜活。可是它们落下的树叶却随风飘落到地上，腐烂成泥。"

碳宝点点头，肯定他的说法。

林小鱼说："照你的说法，无论是茂盛的树，或是凋零的树叶，还是小锦鲤，或是黑泥，都是碳骨架或含碳量很高的东西，可是为什么有生命的碳充满活力，而没生命的碳死气沉沉？"

说完，林小鱼又捡起湖边一块石头，说："这个湿乎乎圆溜溜的石头也蕴含着泥土，泥土滋养着鱼虾，鱼虾供养着人，这一切蕴含着宇宙的奥秘。但是泥土、鱼虾、人差别太大了，是什么让它们有了这么大的不同？"

    碳宝沉默了片刻，说："你说得很对。不过回答这个问题之前，你要了解什么是'活力'。"

    "我妈妈常说我活力四射，哈哈！"林小鱼挠挠头说。

"200年前，地球上有几位科学家提出了一条定律。在自然过程中，一个不与外界进行物质、能量交换的孤立系统会变得越来越无序。比如，你口渴了，想喝水，但手边只有一杯烫口的热水，你会怎么做？"

"我会接一盆冷水，把热水杯放在里面。过一会儿热水变温水，就可以喝了。"

"对的。假如我们把这盆冷水和其中的热水视为一个孤立系统，那么杯中水热，盆中水冷，温度差异大，系统内部不平衡，就是一种有序状态。但是如果系统没有和外界进行物质和能量的交换，这个状态是不稳定的，杯中水与盆中水温度会慢慢趋于一致，热水分子和冷水分子混在了一起，其无序程度加深了。如果我们用一个物理量来表示无序程度的话，就叫熵。系统无序性增加就是熵增。也就是说在不与环境发生作用的情况下，系统的熵总是趋向增加的。

"一个没有生命活力的系统，自身没有形成非平衡态的能力，一旦被独立出来，或是置于一个平衡均匀的环境里，就像这泥土丢进水中，渐渐地所有扰动都停顿下来，物质扩散开去，即使有温度的差别也会趋于一致。最终，整个系统就会退化成死气沉沉的一团，一切归于平衡并且持久不变。这就是熵增定律。"

"可是有生命的物质不是这样的。"

"是的，因为生命天生就是为了将这一切扭转而生的。生命从诞生之初就从环境中孜孜不倦地汲取着'负熵'，抵抗着体系向平衡态的衰退进程。所以你会看到一个有生命的系统会变得井然有序，生机勃勃。"

"负熵是什么？"

碳宝背起双手，望向远处，说："负熵是指生命从环境中吸收物质流、能量流或者信息流。生命自身也无时无刻不在生产着熵，比如呼吸、排泄、制造污染，就是增加无序度。可是它通过汲取环境中的负熵，来消除自己存活期间产生的熵。我们给这个过程取了个名字，叫新陈代谢。"

"新陈代谢有什么作用呢？"

"作用可大着呢！还记得之前我们讨论过的温室效应吗？进入地球的太阳辐射，和地球通过温室吸收之后再送回太空的辐射之间存在能量差异。这个差异需要有一个吸收的渠道。生命正好填补了这个岗位。"

林小鱼听到这笑着说："哈哈！原来是地球给了岗位，生命应聘上岗。"

碳宝也乐了，说："是啊，生命应聘上岗之后，干了件大事。你猜是什么？"

林小鱼想了想，说："我知道了，是光合作用！生命通过光合作用吸收太阳能，把地球喷到大气中的二氧化碳变成沉积到地壳中的碳了。"

"对了！一方面是地球辐射与太阳辐射之间存在能量差，一方面是最低能量的碳化合物二氧化碳向高能量的碳化合物分子转化。生命通过38亿年持续不断吸收这个负熵流，努力改造地球，逐渐形成现在的大气圈、土壤圈，使它变成一个欣欣向荣的美丽星球。"

"还有还有，生命还供养了自身，长出了亿万种丰富多样的生物！"林小鱼指着周围的花草树木，还有水中悠闲的野鸭。

"是的，这是生命应有之义。生命具有强大的生存和繁衍的本能。"

林小鱼兴奋之余，又沉静下来，说："你说的与那位老祖宗说的很像呢。"

"哦，哪位老祖宗？"

"我在奇妙环境馆遇到的一位骑黑牛的老爷爷。他说过原始的混沌分裂出阴阳，阴阳对冲万物生，而且绵绵不绝。我觉得阴阳就像这太阳和地球，太阳源源不断向地球

输送能量，就像阴阳对冲，这个过程滋生出了千千万万的生命，生命不断汲取环境中的负熵而完善自我。所以我们都要虚怀若谷，是为了汲取能量呢！哈哈！"林小鱼摆出了一个帅气的太极拳姿势。

"林小鱼，你在跟谁说太极拳的心法呢？"林小鱼爸爸笑呵呵地走了过来。

林小鱼赶紧回头看看，身边已经没有人，旁边树丛中冒出一小撮卷毛。

毯子下的娃娃

　　林小鱼这晚睡了一个美美的觉，梦见自己变成了一片嫩绿的树叶，高高地悬挂在一株大樟树顶端的枝头上，沐浴着温暖的阳光，一口口吞食着空气中的二氧化碳，还冒出一个个氧气泡泡。

　　突然一阵急促的电话铃声传来，氧气泡泡纷纷消散，他醒了。一看床头的手表，竟然已经到了上午10时，手表上的来电显示是妈妈。

　　林小鱼接起电话，妈妈的声音传来："林小鱼，我今天约了更换净水器滤芯的师傅上门检修。他已经到门口了，我赶不过来，隔壁王奶奶在招呼他。你开一下门，让

王奶奶带师傅进来检修。"

林小鱼一骨碌爬起来。王奶奶是位退休的医生，平时不苟言笑。他可不想让王奶奶发现自己还在睡懒觉。

他匆匆走到客厅，傻眼了。碳宝正斜躺在沙发上看电视，胖脑袋两侧都是各种各样的糖果、巧克力的包装纸，而他的嘴巴还在诡异地咀嚼着，不时吐出嚼过的残渣。

林小鱼看看电视，正在播放的是《动物世界》。碳宝被非洲大草原上小动物们的生活逗得很开心。他还冲着林小鱼说："你家这些碳水化合物的味道太诱人了！瞧，我把这一罐都嚼完了，还不过瘾。"

林小鱼看到垃圾桶中被嚼得奇形怪状的糖果，心疼得不行。但此时，敲门声打断了他的小忧伤。王奶奶还在外面呢！

怎么办？他抓起一张午睡用的小毯子罩在碳宝身上，说："别动啊！有人来了。等他们一走，你再出来。"

说完，他打开房门。果然，头发花白的王奶奶一脸严肃地站在门口，说："林小鱼啊，在门外都听见你家电视的声音，怎么一直不开门呢？"

林小鱼摸摸头，偷偷觑了眼沙发上毯子罩住的一团，说："不好意思，王奶奶。我看电视太入迷了。"

　　王奶奶咳了咳嗓子，带着身后的一位身着蓝色制服的叔叔走进来，说："你妈妈托我来帮你家换净水器滤芯，你快带师傅进去吧。唉，我在门口站了好久，现在要休息一下。"说完，她就往沙发上一坐，正好坐在那团毯子旁边，看到一沙发的糖果和糖果纸。

　　"林小鱼啊！不是我说你，你看你沙发上乱七八糟的。小孩子要学会收拾整理，东西都要摆放整齐，垃圾果皮不要随便扔！还有，吃这么多糖可不行，会变成小胖子的！"她边说边拿起垃圾桶准备清理。

　　"说得太棒了！"有个声音响起。

　　王奶奶吓了一跳，问林小鱼："刚才谁在说话呢？这屋里还有别人？"

　　林小鱼朝那一团拱起的毯子瞪了一眼，连忙摆手说："没有没有，刚才是电视里的声音，您听错了。"

　　王奶奶半信半疑，正要伸手去叠毯子。

　　此时，修净水器的师傅拿着一个脏兮兮的滤芯从厨房走出来，说："这个滤芯要换了。"

　　王奶奶忙起身走到厨房门口，说："换吧换吧。这也是脏得不像话。林小鱼啊，等你妈妈回来一定要告诉她，这滤芯积了这么多泥巴，早就该换了。小两口带孩子过日

子一定要讲卫生！"

"那不是泥巴！"一个声音再次传来。

"究竟是谁在说话啊？"王奶奶转身，只见沙发上那团毯子此时竖起来了。她揉揉自己的眼睛，怀疑自己老眼昏花，又颤抖着手指着这团东西，说："林小鱼，这是什么啊？"

林小鱼忙说："哦，没什么，这是我家新买的玩具娃娃。"

王奶奶走过去想掀开毯子看。林小鱼抢在她前面把毯子连人一把抱起，笑嘻嘻地说："这个娃娃昨天摔坏了脑袋，我正在想办法修呢，您还是别看了，免得受惊吓。"

"我这么大年纪，走过的桥比你走过的路都多，还怕这个娃娃。"王奶奶不信。

林小鱼侧过身说："这个娃娃还真不在您走过的桥上，等下次我修好了，再带来给您看看吧。"说完扮了个鬼脸。

"小孩子说什么奇怪的话呢？"王奶奶嘴里说着，但还是被逗乐了。

不一会儿，滤芯已经换好了。王奶奶带着师傅离开。

碳宝赶紧扯开毯子，小脸通红地说："你怎么说我脑袋摔坏了？"

林小鱼长长出了一口气，说："你刚才乱说啥啊？差点就暴露了。这不是脑袋摔坏是什么？"

碳宝不服气地说："我只是想表达我的观点啊。"

林小鱼挑挑眉，说："王奶奶就是个一丝不苟的人，特别认真，她看我爸妈做得不好都会说半天，你跟她较什么劲啊。"

碳宝噗嗤笑了出来："我逗你了。其实我觉得她很好啊！进屋之后传递给你很多负熵呢。"

"她给我负熵了吗？"林小鱼不信。

"是啊，她在告诉你怎样提高有序性啊！教育就是信息的传承，也是很强大的负熵流哦，能够对抗熵增，提高生命质量。"

林小鱼点点头："嗯，学习了！"

碳宝拍拍林小鱼的肩头，学王奶奶的语气说道："嘿嘿，慢慢学吧，年轻人。"

滤芯上的小妖精

　　林小鱼眼珠一转，又有新问题，"对了，为什么滤芯过滤的是自来水，竟会生出这么多脏东西呢？你刚才说滤芯上脏兮兮的东西不是泥巴，那是什么啊？"

　　碳宝一笑，说："哈哈，那要先听我给你讲个故事。"

　　"太好了，我喜欢听故事。"

　　"从前有一个密封的盒子，中间有个隔板。隔板上有一扇门，里面有许多微小的空气分子在运动。有的运动得快，有的运动得慢，按照熵增定律，它们通过门的概率是均等的，会混合均匀，达到热力学平衡，称为热寂。

可是这时小门旁出现了一个小妖精，它看到跑得快的分子就让它去隔板左边，看到跑得慢的就放到右边。最终，盒子左边就都是跑得快的分子，温度高，右边温度低，形成了一个不平衡的有序结构。你说这是不是和熵增定律矛盾啊？"

"这听起来是矛盾，可是怎么会有个小妖精呢？它怎么知道哪个跑得快，哪个跑得慢呢？"

"嘿嘿，这个小妖精还有个名字，叫麦克斯韦妖，是一位叫麦克斯韦的科学家提出来的。后来人们发现麦克斯韦妖存在的地方，熵会减少。"

"为什么呢？"

"因为这个小妖精会从外部环境中吸收信息，它是借助信息来指导开关门的行动。麦克斯韦妖的秘密就是信息传递。自从这个秘密被揭开，信息也就被当作了一种负熵流。"

"哇！太神奇了！麦克斯韦妖在哪里呢？"林小鱼惊奇道。

"喏，就在那里呢，"碳宝指着废弃的滤芯，说，"这上面脏兮兮的东西主要是生物膜，是由许多不同种类的微生物聚集生长形成的。"

"哪来这么多微生物呢？"

"自然是有足够的营养物，它们才会生长。这些微生物不像蓝藻，它们不进行光合作用，而以别人制造的碳水化合物和无机盐为食。自来水中本来就有许多有机分子和无机盐，可以成为它们生长繁殖的养料。

"但自来水不算是个良好的生存环境。天然水经过水厂的处理，营养物浓度不高，还添加了氯，在水中追杀着这些微生物，于是它们需要找个地方躲避危险。经过漫长的管道旅程，有些微生物来到了这个滤芯。

"它们感觉住在这个多孔的材料表面很舒适，于是释放出了一种信号分子。这个分子在水中飘到了另一些微生物朋友那里，告诉它们有好地方可以去。那些朋友们就都来了，这些分别属于不同种属的微生物汇聚在一起，住在了滤芯表面和孔道里，就像从荒野住进了城市。它们还分泌出了一些胞外聚合物EPS，把这个充满多样性的菌群形成的膜块包裹起来，既能让食物透过，又能抵御水中的氧化杀菌剂。EPS在这里就像一座充满微生物居民的城市的周边绿地，既能抵挡住来自荒原的风沙侵袭，又能为微生物的城市生活提供营养。这是不是一群很厉害的小妖精啊？"

林小鱼叹气："是啊！它们长在滤芯上是舒服了，可我们就得经常换滤芯了。有什么办法把它们请走，或者让它们别来这里吗？"

"有一种办法，不过你们现在还没有好好利用。就是派遣一支间谍部队进去，专门吃掉头一批进城微生物释放的信号分子，打乱它们之间的通信，也就是负熵流，使这个系统无法建立复杂的有序结构对抗熵增，生物膜自然就解体了。"

"哇，这个主意好厉害！可是这种间谍是什么呢？"

"最有可能的还是一些特定的微生物。"

"另一群小妖精？"

"呵呵，是的。这些微生物的细胞膜上住着一种个头更小的麦克斯韦妖，其实是像旋转门一样的蛋白质分子，不停地转。只有能够与它结构配合的信号分子才会被旋转门转到细胞内部。就这样，它们可以在水中巡查，只要碰到特定目标就吃掉。"

林小鱼若有所思地问道："原来是这样。那这些滤芯上的小妖精是怎么被制造出来，又是什么在驱使它们工作的呢？"

"正是我在说光合作用时告诉你的，靠ATP传递能量。生物靠光合作用将二氧化碳变成高能有机分子，并且

通过食物链传递，就像一种燃料在生物体内燃烧，产生的能量都贮存在ATP分子里。ATP再供给生物完成一系列的抗熵增的活动，使系统变得更有序。"

"嗯，我明白了。它们每个人都在通过ATP贮存、传递着能量，维持自身的有序结构，"林小鱼眼睛一亮，"可为什么会聚集成膜呢？"

"形成生物膜，有利于它们在自来水这个营养贫瘠又危机四伏的环境中生存。当外界环境能提供给生物的物质和能量不足以维持每个生物生存时，聚集在一起形成复杂的体系可能有利于它们提高负熵的利用效率。常见的蚂蚁、蜜蜂都过着集体生活，通过信息交流网络开展分工合作。越是高级的物种越能形成复杂的体系。就像高等哺乳动物体内的各个器官和寄生的微生物也是这样互利共生的。"

19

你不是一个人在战斗

林小鱼摊开小手翻转着看，说："我体内也有这么多微生物吗？"

碳宝扫了他一眼，把小胖手背在身后，说："你从头到脚，从内到外充满了与你的基因不相符合的其他物种，就是微生物细胞咯。"

"哦，王奶奶又该说我不讲卫生啦！"林小鱼边说边走到卫生间洗手、洗脸。

碳宝在后面咕哝着："洗也没用啊。你忘了那滤芯上的微生物怎么来的？"

林小鱼苦着脸说："那怎么办？"

"哈哈，你本来就不是一个人在战斗。人身上的微生物数量是自身细胞数量的10倍，它们所含的基因组信息比人类基因组信息多百倍。人类本来就是细胞和微生物的集合体呢。

"这些微生物住在人体这个结构复杂的大房子里，成群结队，安居乐业，生儿育女，还能帮助你消化食物，保护皮肤，维持生命健康。只要你不随便改变生活方式，或服用抗生素，给它们带来麻烦，那些致病的坏细菌想要兴风作浪也要看它们答不答应。"

"等一下，你说生活方式也会影响到体内微生物吗？"林小鱼越发惊讶。

"那当然，"碳宝打了个响指，"就比如肠道微生物群落和土壤微生物群落的组成就完全不同。这群拥有数十亿年地球生活史的老师傅，自从定居到动物或人的肠道中，就一直参与消化食物的宏大工程。但不同地域、不同时期，人们吃的东西会不同，有的吃土豆牛肉，有的吃青菜米饭，有的吃寿司鱼生，有的吃麻辣火锅。他们肠道菌群的消化能力也不一样。"

"如果大家都吃一样的食物，是不是肠道微生物也就变成一样？"

"有可能,这是个驯化的过程。你说自己喜欢吃什么,还不如说是你的肠道微生物喜欢吃什么。"

"那我怎么知道这些微生物在想什么呢?"林小鱼望着自己的肚皮开始发愁。

"放心,你虽然不能直接与它们对话,但你的身体具备着大量与微生物进行沟通的传感器。所有后来进化的复杂生物都保留着与这些经验丰富的老师傅们交流的传感器,就像一种语言方式。比方说,假如你是一个无辣不欢的人,突然开始吃清淡的食物,你的肠道菌群就不高兴了,它们必然会分泌信号分子,改变人脑里面的下丘脑参与介导的神经内分泌活动,要求你吃上几口辣椒,满足它们的需求。

"不过,你与它们沟通的信息并不一定都汇集到你的大脑,而是分散的,随机的。比如免疫系统,平时就养着许多能产生抗体的特种细胞。一旦发现有陌生的微生物入侵,这些特种细胞中那个能捕获它的天选之子就会被激活而疯狂生长繁殖,从而产生出特异性抗体大军去消灭入侵者。这个过程还有一系列合作者一起工作,而你本人对此一无所知。"

"真是神奇!"

　　"高级的生物是非常复杂的体系，不同分工的细胞、微生物间只有通过这种复杂的沟通协调，保持大量信息交流才能够提高对物质和能量的高效利用，更好地在资源有限的情况下生存下去。"

　　林小鱼灵机一动，又想到一个问题："那为什么在地球历史上出现的五次生物大灭绝中，当时称霸的生物都灭绝了呢？"

　　"这个嘛，"碳宝顿了顿，说，"越复杂的生物对环境的适应性越专一，它们身体组织内部的细胞分工越专业，有得必有失。高度专业化的细胞为了保持自己的专业性丧失了许多功能，比如脑神经细胞完全靠血液系统供应的葡萄糖来维持生存，为了保持记忆，不能分裂繁殖。

　　"复杂的生物为了适应环境必然也会表现出对这种环境及其生态系统的高度依赖性。当其生存环境发生重大改变，而其自身不能适应这种改变，就会崩溃。比如恐龙，在彗星撞地球后空气中弥漫着遮天蔽日的火山灰，它们长达数月晒不到阳光，就灭绝了。而一些小型哺乳动物由于具有更稳健的机体结构存活了下来。还有许多微生物，其细胞功能更全面，也能在环境剧烈改变时实现物种延续。"

"哦，我明白了！这会不会是蓝藻从38亿年至今从未灭绝的原因？"

"不错！这也是为何每次物种大灭绝之后，地球上又会有适应新环境的复杂生物欣欣向荣。"

林小鱼摸摸头，说："嗯，为了更好地在有限资源下生存，生物会尽可能地让自己变得更复杂、更专业、更适应环境。可我还是有一点不懂：碳原子组成了有机物，有机物和其他物质构成细胞，细胞构成复杂的有机体，有机体又汇集成种群，种群与环境之间形成生态系统。如果它们都是小小的碳元素在主宰，为何每一个层级都是如此不同？让人很难把它们联想在一起。"

碳宝拍拍林小鱼的肩，点头说："你这个问题很关键！生物和其所处的环境在复杂到一定程度时就会涌现出新的特性，后面我们再慢慢聊。"

此时，林小鱼的手表又响起，是妈妈打来电话。林小鱼赶紧示意碳宝噤声："嘘，咱们下次再聊。"

愉快的自驾游

　　晚上，林小鱼一家三口围坐在餐桌旁吃饭。妈妈做了一大桌好菜，林小鱼食欲大增，吃得津津有味。

　　"这么好吃啊！你慢点。"妈妈笑着给他擦额头上的汗珠。

　　"太好吃了！"林小鱼朝妈妈竖起大拇指，"今天为什么有这么多好吃的啊？"

　　爸爸清了清嗓子，说："林小鱼，告诉你一个好消息！"

　　"什么好消息啊？"

　　"最近我工作上刚完成一个重要任务，暂时可以休息一阵。你妈妈也不太忙。我和妈妈商量，从明天起休几天年假，我们全家一起自驾游，好不好？"

"真的吗？"林小鱼一下子蹦了起来，手中的鸡腿差点掉了。

爸爸笑着说："当然了！"

"那外面的病毒没有关系了吗？"

"已经很长一段时间没有新的本土病例了，我们防控做得很好，现在出行还是安全的。我们已经很久没有一起旅游了，这次就在周边自驾游看看风景、爬爬山、钓钓鱼，如何？"

"欧耶！太棒了！终于可以出去玩咯！"林小鱼开心得在屋子里手舞足蹈。

天公不作美，下了一夜的雨，第二天，到了清晨仍然淅淅沥沥不停。但这并没有影响到林小鱼一家出游的心情。爸爸把最后两袋烧烤用的食物和工具装上车，坐在驾驶座上，转头问副驾驶位上的林小鱼妈妈："可以出发了吗？"

还没等妈妈发话，林小鱼在后排座上迫不及待地喊道："出发！"

妈妈笑道："瞧这小家伙的兴奋劲儿，这是蓄积了一年的精力没发挥呢。得赶紧出去遛一遛！"

爸爸发动了车子，吹了声口哨："得令，走咯！"

雨渐渐停歇，太阳在云层后面耐不住寂寞，很快就露脸了。路上，林小鱼听着手机里的恐龙故事，看着窗外穿梭而过的山丘田野、河堤绿柳，心里乐开了花。

"你看你看，那山上成群奔跑的黑色物体是羊吗？"耳边忽然传来一个小小的声音。

"是的，那是黑山羊。"林小鱼顺口回答道，然后才反应过来，转头一看吓一跳。

碳宝正从后备箱的食物袋中探出脑袋往外看呢。

他赶紧回头看前排，爸爸妈妈正在说着话，完全没有注意到后排的动静。

碳宝笑嘻嘻地从袋子里爬了出来，一蹦就坐到了林小鱼身边。林小鱼赶紧抓起一件外套罩住了他。

"你怎么混进来的啊？"

"哼哼，我看某人被自驾游冲昏了头脑，把我忘记了，"碳宝抱起双臂，"要不是我自己想办法就被丢下了。现在我怀疑，某人还能不能一起玩了。"

"呃，"林小鱼挠挠头，不好意思地说，"主要是惊喜来得太突然了，都没来得及……"

"算了，原谅你了！"碳宝装不下去了，又乐呵呵地说，"嘻嘻，我今早来找你时就发现了这一袋子宝贝，刚爬进来尝一尝，就被你爸爸拧到了车上。"

碳宝在宽大的外套中缩了缩脑袋，又问："你们这是去哪里呢？"

"我们今天打算去山里面玩，还会在那里野营。"

"哇，好棒！"碳宝兴奋起来，"我最喜欢野营了！在哪里呢？远不远？"

"说近不近，说远也不远。你看到路边上那条河了吗？"林小鱼指了指不远处波光粼粼的河流。

"嗯！"碳宝瞅着窗外。

"爸爸说我们要沿着河一路向东，进山了以后有个地方特别好，有许多小溪，还有瀑布。"

碳宝眼睛亮得都要蹦出星星来了："那溪里面肯定有很多鱼吧？"

"是啊，我爸爸会钓鱼呢。"

"不用钓了，我教你抓鱼，很快就能抓一大堆。"

"真的吗？"轮到林小鱼兴奋起来。

"林小鱼，你在说什么呢？"妈妈转过头来问。

林小鱼一边摆手，一边抓起外套把碳宝头罩上，说："没什么，我想到有好吃的就很开心啊，哈哈！"

妈妈笑了："你这个小馋鬼！"

冒泡的湖水

　　车子在田野间穿行，越来越开阔，远处有一汪碧绿色的湖水渐渐显现。

　　到湖边时，爸爸把车停在路边，说："我们休息一下吧。"说完，就下车伸伸胳膊，扭扭腰。

　　妈妈走到后备箱拿矿泉水，说："这个地方也挺不错的。"

　　"哈哈，这就满足了？我们要去的地方更不错。"爸爸笑道。

　　"你吹牛吧！"妈妈说，"林小鱼，你也下车活动一下，别闷在车里！

"林小鱼，我们去那个湖边看看好吗？"碳宝用手指按了按林小鱼的胳膊。

"好嘞！"

妈妈拿到水转身，车里已经没看到人了，一回头就看到林小鱼背着书包跑向湖边，连忙拍打爸爸："哎呀，你也不管管！"又冲着远处喊："林小鱼，别跑远了！"

"男孩子，让他撒撒野！你看那湖边有不少渔民在呢。"

远处的林小鱼挥挥手，但还是很快跑到湖边。

这个湖比他家楼下的池塘大多了，湖水中排放了一些围扎起来的网箱，岸边有几个人正在拆解这些网子。

林小鱼走近了才看到，这湖水原来是灰褐色的，浑浊不堪，还冒出许多小气泡，散发出一阵阵腥味儿。湖中心有个马达不停地鼓着气。

"怎么会这样？"

碳宝从书包里一下蹦了出来，说："这片湖水已经被污染了。"

"与这些网箱有关吗？"

"是的。看来这片湖曾经被当作一个大型的水产养殖场。为了让鱼长得快，人们在水中投放了大量饵料。多

余的饵料和鱼的排泄物会沉积到水底，里面有大量含氮、磷、硫的有机物，都是微生物的养料。"

"哦，我知道了！那些喜欢吃别人制造养料的微生物就会大量生长。"

"是的，表层的蓝藻也会大量生长，覆盖水面。水下变成了一片缺氧的世界，成为那些没有氧气才能生长的微生物的天堂。这些厌氧菌在新陈代谢过程中产生了很多气体，比如甲烷、硫化氢、氨气、氢气。其他水生生物会被毒死或缺氧而死，成为养料使得厌氧菌更开心地繁殖，水生态系统被彻底改变了。"

"太可怕了！难怪渔民们要拆掉这些养鱼的网箱。真是不能再这样养了。"

林小鱼握握拳头说："那现在湖水已经污染了，怎么才能让它恢复原样呢？"

碳宝指指湖中心的曝气机，说："首先用这个往水里面鼓气。水下的恶劣环境主要是缺氧造成的，只要不停地供氧，那些厌氧菌就不能再嚣张了。"

"氧气也能杀死生物吗？"

"那当然。你以为所有的生物都跟你一样必须呼吸氧气吗？不是的。氧气是细胞代谢过程中非常重要的发动机。它可以启动一系列有机物氧化分解，生成二氧化碳和水，释放出能量。"

"我知道我知道！那些能量被贮存在ATP中，可以供给生物进行好多活动。"

"是的，但是厌氧生物不同，它们分泌的蛋白酶开展的新陈代谢最终不是把碳原子都给氧原子，而是要形成其他的小分子，比如甲烷。它们不能耐受氧气的破坏作用，所以当氧气出现时，整个水体的微生物群落结构发生了颠覆性变化，好氧菌开始复工了，抓紧时间把有机养料给分解矿化掉，水会重新变清澈。"

全能型选手

　　林小鱼想到自己闹肚子时的痛苦，说："嗯……我闹肚子的时候，妈妈说是我肚子里的微生物乱套了，需要吃药。药一吃，这些微生物又会恢复成原来的样子。"

　　"你这个比喻挺好！这湖里面的微生物群落与你的肠道菌群一样，都要保持平衡，否则就会产生污染。你闹肚子也是为了尽快把污染物排泄出去呢。"

　　"那我大口吞空气，是不是也能治肚子疼呢？"林小鱼挠挠头。

　　"哈哈！"碳宝捧腹大笑，"你的肠道菌群可是以厌氧菌为主的，氧气可不受欢迎呢！而且为了让厌氧菌好好工作，肚子里还会允许一部分需氧菌把吃进去的氧气消耗掉，以免打扰厌氧菌制造维生素。"

林小鱼转念一想，说："我闹肚子时，会吃益生菌和蒙脱石。这湖水治理起来也可以吃药吗？"

碳宝拍拍林小鱼肩膀，说："是的，这湖水和你一样，病了也要吃药。只给氧气可不够！为了让好氧菌能够迅速恢复战斗力，需要派出增援部队，就是好氧菌剂。为了把有毒有害的物质清除掉，也会加吸附剂进去。"

"湖水里面可以用什么吸附剂呢？还是蒙脱石吗？"

"嗯，蒙脱石是个不错的选择，其主要成分是铝、镁和硅的氧化物，具有很强的吸附能力。不过，还有一种吸附剂，吸附能力比它强了数倍。"

"那是什么呢？"

碳宝指指自己，又眨眨眼，说："你猜！"

林小鱼挠挠头，说："不会又是碳吧？"

"嘿嘿，就是碳啊，或者称为碳基材料。比如活性炭、生物炭，还有石墨烯、碳纳米管等。它们共同组成碳基材料大家庭，具有丰富的孔隙结构，还有强大的化学键合能力，可以与其他原子形成各种连接。这是碳原子的本能，你知道的。"

　　"碳基材料都是由碳原子组成的吗？"

　　"其实大多数都不是只有碳原子，而是杂化了氢、氧、氮、硫、磷等元素。比如最普遍的生物炭，就是用废弃生物质，如秸秆、树枝、水藻、果壳、骨头，甚至污泥等高温炭化制成，里面除了碳，还有很多生物体内构成核酸、蛋白质等的元素，也有处理过程中掺杂进去的其他元素。"

　　林小鱼继续问："那生物炭是怎样吸附污染物的呢？"

　　"哈哈，正是因为生物炭成分复杂，它吸附污染物的方式可多了。比如生物炭的表面积特别大，充满孔隙结构，可以通过孔隙填充，将污染物吸附到自己的表面和孔道中。还有强大的疏水作用力也可以使它成为许多有机污染物的附着场所。它表面还有一些氨基、羧基、羟基官能团，能够与污染物发生络合，还可以利用酸性基团或阳离子与重金属离子进行交换。不要忘了它还有静电吸附能力，与带电荷的污染物分子结合。"

　　"碳真是个全能型选手，"林小鱼高兴地拍拍手，"以后这些废弃的生物质可千万不能浪费了，要想办法做成碳基材料来修复环境。我们的环境污染问题就能得到解决了！"

"别高兴得太早！还有一个问题很麻烦。"

"啊？还有问题？"

一根芦苇秆

碳宝的卷发马达旋转起来，带动他小小的身体飞到湖边的沼泽地带，抓了一把淤泥，飞回到林小鱼身边摊开手心。

"看，湖水中很多有毒有害的物质并未消失，而是长年累月沉降下来，积累在湖泊底泥和沼泽湿地中。水中的污染容易消除，但水和泥之间不断进行物质交换，泥中的污染物浓度更高，会反反复复释放到水中，成为不可控制的污染源。"

"那我们可以用水泥或瓷砖把湖底和岸边都铺满，隔绝住这些泥。"林小鱼灵机一动，想出一招。

碳宝摇摇头，说："暂且不论水泥和瓷砖能否完全隔绝。泥是水生生物滋生的场所，就像树离不开土一样，水生生物也离不开泥。要治理好湖水污染，还得靠底泥微生物呢。皮之不存，毛将焉附啊？如果失去了肠道菌群，人都没办法消化食物，也无法供给营养给其他细胞了。一个完整的生态系统失去平衡时，可不能用隔离的方法来治理。头痛医头、脚痛医脚都不能解决问题。所以，水和泥是一个整体，有病要一块儿治。"

"那用什么方法呢？"

碳宝神秘一笑，伸出两根胖胖的食指搭在一起："两个字：连通。"

"连通？什么意思啊？"林小鱼摸摸脑门。

碳宝从岸边捡起一根芦苇秆，一头插到泥里，一头插到水里，说："你看，这像什么？"

"管道？"

碳宝点点头，说："聪明！假如这是一根铜丝插在这里，又像什么？"

"铜能导电，电线里面都是铜丝。那就是导线了！"

"对！如果我们用一根导线把水和底泥连通，两头各加上不同的特殊材料制成电极，那就构造出了一个燃料电池。"

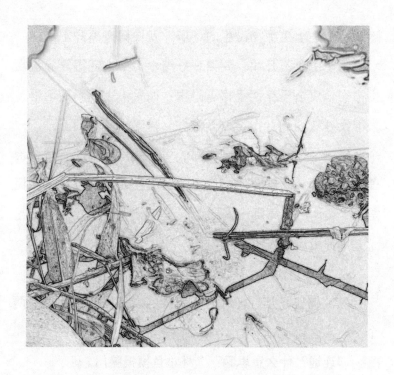

林小鱼惊讶地合不上嘴："这里面会有电流吗？"

"那当然！底泥中有丰富的鱼虾排泄物、残渣等有机质，只是因为氧气不流通而难以降解，但是这些含碳的物质随时准备着向氧化剂贡献出电子，被称为电子供体。而水中有充足的氧气、氢离子和其他盐离子。把两者连通等于一边做一个半电池。在底泥中的称为阳极，在水中的称为阴极。这个电池系统就能让水中的氧化剂加速夺取底泥中有机污染物上的电子，使它们快速氧化降解。而这些电子供体贡献出的电子被传递到阴极的过程形成电流，还能发电。"

"太不可思议了！"林小鱼惊讶道，"用这种方法，不仅能治理湖水和底泥，还能做一个大发电机了。不用再依赖地底下挖出来的煤炭和石油咯。"

碳宝笑着摇摇头说："可惜人类现在的技术还只能产生少量的电流，不能用来大规模应用。"

"等我长大，一定能做好！把污水都变成能源！"

"别急，其实有个生物已经在做这件事了。"

"谁呢？"

碳宝指着水边绿油油的一片芦苇，说："就是它们。芦苇利用光合作用制造了大量的ATP，将氧气输送到根际，促使根区好氧微生物分解底泥中的有机物，并且将底泥中的氮、磷、硫等营养元素吸收到茎叶中，从而成为一种生物质资源供人类利用。"

"看来我们要好好向生态系统学习。"林小鱼赞叹道。

"林小鱼，快回来！我们要出发了。"妈妈的声音传来。

家政小能手

这天下午，车子进入山区，山路蜿蜒，路边的树木变得越来越高大、茂密。

林小鱼一家很快就到达了一座林间木屋，上面写着4个醒目的大字：野营基地。周围砂石铺成的停车坪已经停了好几辆小车。

林小鱼爸爸把车停好，说："我们到了！每个人都负责拿好自己的随身东西，剩下的我来搬。"

林小鱼说："爸爸，我来帮你！"

"好儿子！后面那个帆布袋子交给你了！"爸爸眨眨

眼笑着说。

妈妈拍了下爸爸："他不可能搬得动！你别偷懒！"

"你看你妈妈不给你机会！"爸爸继续挤眉弄眼。

林小鱼拍着胸脯说："没问题！我肯定能行！"说完就下车转到后备箱。

帆布袋子被压在最底下。林小鱼把上面的东西挪开，拉拉袋子，竟然纹丝不动。

"好沉啊！"他探头看到爸爸妈妈在跟野营基地接待的人交谈，轻声喊道，"碳宝，快出来吧！这事得你帮忙才行。"

碳宝嗖地一下从另一个袋子里跳了出来，吹了声口哨，说："小菜一碟！"

他启动螺旋桨，单只手抓住帆布袋子，轻轻一提就连人带袋子飞了起来。

这时，爸爸已经结束了交谈，朝后备箱走过来。

林小鱼赶紧朝碳宝招手："别飞太高！"

碳宝又趴下来。

林小鱼跑到爸爸身边拉住他的胳膊，说："爸爸，那个负责接待的人在跟你们谈什么呢？"

"没什么，只是告诉我们最近天气多变，可能随时会下雨涨水，一定要叮嘱孩子，不要去水里游泳。"

林小鱼望望晴朗的天空，觉得大人们有些杞人忧天了。他又问："那妈妈去哪里了？"

爸爸指指小木屋："她去办入住手续。来，我们一起干活！"

林小鱼忙问："那我们住哪里呢？"

爸爸指指不远处溪边，说道："你看！"

林小鱼看到好多辆房车停在溪边沙石滩上，旁边还搭了许多小帐篷。有人已经坐在折叠椅上开始钓鱼，还有些孩子在拨弄着水花。

"哇！好棒！"

"你是不是想偷懒啊？快去吧，我们住32号房车。"爸爸拍拍他的背。

林小鱼一把拉住他，说："我才不偷懒呢！只是想上厕所了，你陪我去吧。"

爸爸无奈地摇摇头："都多大了，上厕所还要人陪。"

等他俩上完厕所回来，爸爸才发现忘记关后备箱了，赶紧走过去一看，什么也没剩下。

"坏了！我们的东西都被偷了！"爸爸一拍大腿，赶紧掏出手机给妈妈打电话。

电话接通，还没等爸爸开口，妈妈清脆的声音就传来："我正想给你打电话呢！我刚办完手续来开门，咱家东西都已经摆放在房车里面了，并且归置得整整齐齐！你们动作什么时候变得这么快啊！"

爸爸莫名其妙被表扬，愣在原地。

林小鱼摇了摇爸爸的手，说："没准儿是服务员看我们不在，就帮忙把东西都搬进去了。"

爸爸点点头："嗯，得好好感谢他们！"

林小鱼和爸爸来到房车时，妈妈已经在准备晚饭的食材，房间里一切物品摆放得整整齐齐。爸爸赶紧开始搭帐篷。待林小鱼参观完房车，走出来才看到车外的躺椅上，碳宝正惬意地晒着太阳。

"是你干的吧？没想到你还有当家政小能手的潜力！"林小鱼竖起大拇指。

"嘿！不用客气！就是动动手指的事。"碳宝勾起一根小手指。

抓了"三条鱼"

　　夜里山间果然下了一场雨，但早晨就已放晴，林小鱼是被一阵鸟鸣叫醒的。他伸伸懒腰，揉揉眼睛，车厢里无人。他穿着睡衣，打开门，眼前的情景让他瞬间来了精神。

　　晨间的日光温柔地照耀着不远处溪水中的波纹，闪烁着细碎的金色光影。风徐徐地吹，轻轻摇动着高高低低的树梢和油油绿绿的小草，飘散出清新的芬芳。没有什么比在山林中醒来更让人心旷神怡的了。

　　"早上好，林小鱼！我们一起去钓鱼吧？"一个漂亮的女孩子穿着雪白运动服和天蓝色运动鞋，扎着马尾辫，一蹦一跳地跑过来，冲着他笑眯眯地说。这是昨天刚认识的新朋友，卢昕昕，住在26号房车的女孩。

林小鱼瞧着自己身上的睡衣，有些窘。

旁边遮阳伞下正在摆放早餐的妈妈开口道："卢昕昕啊，你吃饭了吗？林小鱼还没吃呢。"

"阿姨好！我已经吃过了。那我先回去准备钓竿了！林小鱼你吃完早饭快点来找我啊！"说完就蹦蹦跳跳走了。

"林小鱼，你快点洗漱吃饭，跟卢昕昕一起玩去。"妈妈催促道。

林小鱼摸摸鼻子，说："我没答应跟她一起玩啊。那是她自己说的。"

"嘿，你这孩子！和朋友一起玩多开心啊。快点！"

林小鱼只好无奈地转身走回房车开始洗漱。

其实今天他想与碳宝一起去溪水中抓鱼。钓鱼，多没意思啊！爸爸曾经带着他去山顶上的湖边钓过好多次了，每回都是等林小鱼把湖边的蝴蝶抓了个遍，才提着个空桶子回家。

也不知道碳宝昨晚下雨的时候睡在哪里。

　　林小鱼来到卢昕昕家的房车前，看到手拿钓竿的卢昕昕身边还有一个矮矮壮壮的男孩，头上的太阳帽都遮不住他胖嘟嘟的脸，戴着一副墨镜，穿着花花绿绿的衬衣、短裤和军绿色的凉拖鞋。

　　"这是我表弟，胡一虎，你就喊他虎子。"

　　"嘿，林小鱼好！"还没等林小鱼开口，虎子就凑上前来，一拳头捶到林小鱼肩膀上，还咧嘴笑着，鼻头拱成一个小肉球。

　　林小鱼乐了，点点头："走吧！"

　　三个小伙伴来到溪水边。卢昕昕很快就摆好了折叠椅和小水桶，架上钓竿，一本正经地开始甩竿钓鱼，俨然是一个钓鱼老手。

　　林小鱼和虎子没有钓鱼工具，蹲在溪水边撅着屁股拨弄着水草，溪水有些凉。

　　"你不和你姐姐去钓鱼吗？"

　　"我又不会。再说，坐在那里有啥好玩的，"虎子嘟着嘴说，"要不是我爸爸把我的游戏机没收了，我才不会跟你们出来玩呢。嗯，你的昵称叫什么？下次我们一起组队？"

　　"嘿嘿，我不怎么玩这些。"

　　"那你是不是有更好玩的？快告诉我！"虎子眼睛一

亮，抓住林小鱼的胳膊。

　　林小鱼抿了抿嘴，心中犹豫着要不要告诉他们碳宝的秘密。而熟悉的嗡嗡声传来，林小鱼已经看到不远处树丛中藏着的小卷毛螺旋桨在旋转。

　　虎子看到林小鱼不作声，甩了甩胳膊，站起来说："我就知道，你和卢昕昕一样，啥也不懂，根本无法体会游戏的乐趣。真没劲！"说完，他往溪水中走去。

　　"哎！你别往水里面走，危险！"林小鱼连忙去拉他。

　　虎子扭了扭身子，很快就跑进溪水中，乐呵呵地回头说："一点都不危险，这水才没到我的膝盖。"

　　林小鱼连忙脱去运动鞋和袜子，也踏入水中，想把他拉回来。

　　虎子已经跑到了水中央，发现水里有个活泼的小东西绕着脚在游，弯下腰伸手去捞，还冲着林小鱼喊："林小鱼快来！这水里有鱼，我们一起抓住它！"

　　此时，山谷间的风突然变大了，树梢都摇摆起来，乌云大片大片飘过来，夹带着硕大的雨珠快速落下。

　　卢昕昕发现两个男孩已经跑进了水中，冲到水边喊："虎子、林小鱼！你们快回来，下大雨了！"

　　林小鱼回头说："我去拉他回来！"

　　虎子突然开心地举起双手，一条红色的小鱼在他手中挣扎，他大喊道："看！我抓住鱼啦！"

　　小鱼快速扭动着身体，很快就摆脱了他的手掌重新跳进水中。虎子急忙转身去捞，没站稳，扑通一声摔倒在水中。

林小鱼已经赶到他身边，伸出手拉住了虎子的胳膊把他扶起。

此时，身后突然传来卢昕昕的抱怨声："啊！这溪水怎么突然流得这么快！"

林小鱼回头看到卢昕昕也冒雨脱了鞋蹚水走进了溪水中，再看看溪水上游，两山开合之处，浪涛奔涌而来。方才波光粼粼的溪水瞬间变成了汹涌的河流。

"不会吧，我就摔了一跤，发生了什么？"虎子浑身浸透了冰凉的水，瑟瑟发抖。

"好像涨水了。"林小鱼愣愣地说。转头看到卢昕昕哭泣的脸和大人们匆匆奔跑过来的身影，耳边似乎还传来妈妈焦急的呼喊。

"我们怎么办？"卢昕昕大声哭泣着，湍急的溪水快速上涨。

林小鱼伸手想去拉卢昕昕，却怎么也够不着。

"唉，我看你们就没有一个省心的。"空中突然传来一个熟悉的清脆声音。

林小鱼抬头，只见一个头顶螺旋桨、身披芭蕉叶的胖乎乎的身影如同盖世英雄一样从天而降，伸出小胖手，

一手一个牢牢抓住林小鱼和卢昕昕的手臂，轻而易举地把他们抓住带到了岸边一处高地。很快，虎子也被他捞了过来。

碳宝完成这一串动作都在一瞬间，望着三个惊魂未定的孩子，他摘下身上的芭蕉叶斗篷抖了抖，说："昨夜山那边的雨挺大，我飞过去时做了这个芭蕉叶斗篷，挺帅的吧？我本来想趁今天涨水来抓鱼呢，结果还真抓了你们这'三条鱼'，哈哈！"

26

山林水库

林小鱼打了个喷嚏，对着碳宝说："多亏有你！真没想到这条小溪涨水会瞬间变成这样！真是让我想起在奇妙环境馆见过的一个学者说过的话：人不能两次踏入同一条河流。你踏入一次，水流走了，下次再踏入，新的水又来了。"

碳宝拍拍他的脖子，林小鱼立刻感觉到一股暖流顺着脖颈浸润到身上，暖洋洋的。碳宝接着帮三个孩子加热烘干衣服，等待大人们到来。

"林小鱼，这位是谁啊？"卢昕昕和虎子终于从刚才的惊险中缓过神来，目瞪口呆地望着面前侃侃而谈的奇怪

小家伙，问道。

"嗯嗯，忘记介绍了，"林小鱼挠挠头，不好意思地说，"这是我的朋友，碳宝。他是一个……呃……机器人。"

"看出来了！他力气这么大，身上还有个马达，"卢昕昕指着碳宝的头，"他怎么会知道这么多东西？"

"哇！难怪你不玩游戏，有这么厉害的机器人陪你玩，太酷了！"虎子方才还坐在地上，大口喘着粗气，这会儿来了精神想抓住碳宝的胳膊，问林小鱼，"你怎么遇到这个家伙的？"

林小鱼看了看碳宝，看到对方冲他眨了眨眼睛，就说："我如果告诉了你们，你们会不会一起为他保密？"

卢昕昕立马保证道："当然了！他救了我们，我们肯定会为他保守秘密。"

"是的是的！"虎子点头如捣蒜。

林小鱼清了清嗓子，说："其实，碳宝是一个来地球旅行的外星人。"

"外星人！"卢昕昕和虎子异口同声地惊叫。

"嗨！"碳宝不好意思地说道，"很高兴见到你们。"

大雨来得快，去得也快。孩子们还沉浸在今天的惊险和惊喜中，围着碳宝叽叽喳喳问个不停。

林小鱼问碳宝："你是不是早就知道会涨水啊？"

碳宝耸耸肩，说："是啊，现在是雨季，这是正常现象。昨夜我夜观天象，就知道这场山雨雨量不小，涨水是肯定的。"

"那你怎么不早点告诉我呢？"林小鱼不满意了。

"如果我早告诉你，不就不能凸显我这英明神武的形象了吗？"碳宝得意地用小胖手拍拍胸脯。

"呃……"林小鱼无语。

卢昕昕问碳宝："为什么会发生涨水这种事情呢？"

碳宝清了清嗓子，说："我昨天四处考察了这片山林，保护得还算好，树冠和地表有不少植物都可以吸收雨水，把水分蓄积在疏松的土壤层中或是渗透到地下。但是我查看了一下过去几天的天气，这一段时间这片地区经常下雨，土壤早就蕴含了大量水分，空气中湿度也很大，整片山林就像一个巨大的水库。昨夜的雨只是触发了这个水库饱和的临界点，过量的水溢流出来，汇集到这条溪水中，朝着河流奔涌而去。"

"你是说，这森林土壤中含有很多水？"林小鱼讶异地问道。

　　"是的，土壤分为固、液、气三相。固相主要是土壤本身由地球表面冷却的岩石风化形成的矿物质和数十亿年生物圈层繁衍生息沉积下来的含碳有机质。土壤固相有着疏松多孔的结构，其孔隙间充满了液和气，此消彼长。土壤溶液多的时候，土壤间空气不足，厌氧微生物占主导地位，可以将有机质还原为甲烷。比如水稻田常年淹水，每年都会产生大量甲烷释放到空气中。

　　"如果土壤疏松干燥，通气条件好，好氧菌就开始工作，将动植物残体氧化降解成腐殖质，释放出各种营养元素，供给植物新的养料。"

　　林小鱼接着问："是什么让土壤疏松干燥的呢？"

　　"哈哈，主要是它的功劳了。"说完，碳宝弯腰在脚下泥土里一挖，就抓出一把土来，里面有一条暗红色的长条形小虫不停扭动。

　　"蚯蚓！"众人同时认出来。

　　"是的，蚯蚓曾被评为地球数十亿年百大成功物种中的第一名。"

　　"排名第一的难道不是人类吗？"虎子觉得不可置信。

　　碳宝摆摆手，说："首先，蚯蚓在地球上已经存在六亿年，遍布地球各个角落；其次，没有蚯蚓，就没有今天的土壤，它每天在土层中不停地劳动，对于疏松土壤的形成至关重要，为地表生物圈的繁衍生息提供了基础。可以说，蚯蚓对于地球环境的形成影响巨大。"

卢昕昕问道："那我们人耕种土地的时候不是也让土壤更疏松吗？怎么反而会造成水土流失呢？"

"光让土壤疏松可不能保住水分啊。要想土壤保水能力强，除了需要有充足的孔隙形成毛细管容纳水分以外，还需要土壤颗粒足够细腻，土质黏性足够强，能够吸附更多的水分。比如有机质含量高、黏土成分多的土壤保水能力就强。如果土地沙化了，都是粗大的沙砾，对水的吸附力就微乎其微了。

"更重要的一点是，植物的根系也很重要。我们看到这片森林，其地下根系的宽广度是地面上的植被的三倍。高大的树木用自己的根把地下的土深深捆绑在一起，直至岩石层。而且森林里的树木不是孤独的，它们树连着树，根缠着根，共享着这一片天地资源，有竞争也有帮助。当大水来临的时候，它们更是手拉手、心连心，一起牢牢站稳脚下这片土地，寸土不让呢。"

虎子捧腹大笑："哈哈，我才不相信呢！树难道还能交流吗？"

"森林里的树可都是社交能手呢，"碳宝指指旁边的一株百年樟树说，"小树在童年时期，往往都要经历大树给它的磨练，长得非常缓慢。"

"什么磨练？"林小鱼很感兴趣。

"大树会把小树的阳光都遮挡住，小树的嫩叶只能依靠大树冠间漏下来的阳光开展光合作用，制造有机物供给营养。"

"天哪，那小树会营养不良吧？都长不高长不大了。"卢昕昕疑惑。

"这是为了让它们打好底子，将来能够长得结实，长得高大。你知道一棵树要长多少年吗？"

"十年树木，百年树人。十年吧？"虎子抢答。

林小鱼否认："可是这棵樟树都100多年了。树可以一直长的。"

"我听说世界上最古老的树已经有9000多岁了，是一棵云杉，而且它还在生长。"卢昕昕思索道。

"不错，树的生长是千年大计呢，如果一开始就迅速生长，木质疏松，小树就长不好了。"

卢昕昕仍然担心，说："那如果营养还是不够怎么办呢？"

"大树是不会对自己孩子置之不理的。它的根系与小

树相连，看到小树有危险，它会将自己的营养通过根系土壤和微生物的作用传递给小树的。"

"可是大树怎么知道小树有危险呢？"虎子不解。

"我知道，这里又有麦克斯韦妖出现啦！是不是？"林小鱼眼睛一亮。

"答对了！既然微生物之间都能够通过信号分子传递信息来形成群体行为，作为高等植物的树要做到这点肯定也不在话下。"碳宝笑道。

"什么是麦克斯韦妖啊？"卢昕昕和虎子齐望着林小鱼。

于是，林小鱼开始得意地充当小老师答疑解惑。

开始环球旅行

　　大人们很快找到了林小鱼他们，大家都对三个孩子趟过涨水的溪流跑到对岸的高地上还安然无恙感到特别惊讶。时间很紧急，还没有问清楚经过，所有人就都被转移到了附近镇上的一个宾馆。紧接着大家得到通知，近期内山区降雨量持续增加，可能会发生山洪泥石流，不能再进入山区。

　　晚上，趁着大人们都出去开会，三个孩子聚在林小鱼的房间里围着碳宝聊天。

　　"唉，看来咱们这趟旅行又泡汤了。"卢昕昕失望地说。

　　"是啊！"虎子手里拿着一包脆饼，边吃边说，"好不容易出来一趟，又只能回家待着。"

　　"你不是不想出来玩吗？"林小鱼笑他。

　　虎子不服气地说："那是之前。哪知道这么好玩啊！当我躺在那个高地上时，我就在想，要是这趟旅行还可以进行下去，我再被水泡一次也没问题。"

　　卢昕昕刮虎子的肉鼻头，说道："你啊！就该出来动动了，不能整天待在家里。"

　　虎子点点头，又说："不过，水涨起来太可怕了。你们说，人为什么总是喜欢在有水的地方居住呢？出门旅行也常常是去水边玩耍。我觉得还是到没有水的地方比较安全。"

　　"哈哈，你刚刚还说想再泡一次水呢！"林小鱼笑道。

　　虎子不好意思地嘿嘿笑。

　　碳宝看着三张小脸，故作神秘地说："其实，作为奇妙环境馆的解说员，我还配置了一种装备，可以解开你们的疑惑。"

　　"啥装备？"虎子好奇地问道。

　　碳宝从背后掏出了三副细细的墨镜，得意洋洋地摇了摇。

　　林小鱼一看墨镜中间闪着绿光的小灯，大吃一惊：
"原来你还有奇妙镜，之前怎么没拿出来？"

　　"嘿嘿，我前两天去奇妙环境馆转了转，就弄到了这
个，"碳宝挤挤眼睛，"有了这个奇妙镜，就可以世界任
我行啦！好了，小家伙们，为了感谢你们没有把我的秘密
公之于众，现在附赠你们一趟环球旅行，想不想去？"

　　"想！"三个孩子异口同声，兴奋极了。

　　卢昕昕着急地举起手，说："我们什么时候出发？"

　　碳宝说："现在就可以。"

　　卢昕昕和虎子面面相觑，不敢相信。

　　林小鱼给卢昕昕和虎子解释了一下奇妙镜的用法。

　　"好了，孩子们，准备好了吗？"碳宝问道。

　　"好了！"三个孩子都迫不及待地戴上奇妙镜。

　　此时，耳边响起碳宝的声音："天地溯源，万物寻
踪。"

　　这次眼前出现的气旋更大一些，一阵白光袭来，林小
鱼看到自己与伙伴们同时被吸了进去。

森林火灾

"咳咳咳……"

四周浓烟弥漫，林小鱼被熏得快睁不开眼睛。他伸手一抓，摸到一个毛茸茸圆溜溜的东西。

"哎哟，谁在抓我头啊！"是虎子的声音。

林小鱼赶紧抓住他，说："是我！"

"林小鱼！虎子！你们在哪里？"卢昕昕的声音在不远处响起。

"我们在这里。"林小鱼和虎子循声而动，却撞在一个坚硬粗糙的柱子上。

"啊！好痛！这好像是一棵树。"虎子摸了摸。

三个人终于会合。

林小鱼稍有经验，说："我们好像又来到了森林中。这么多烟，可能是起火了。"

"啊！我们不会是在森林火灾现场吧？"虎子惊恐。

"这个碳宝，环球之旅是在忽悠我们吗？"卢昕昕气愤地问。

"少安勿躁，少安勿躁！"一个身影从树上飞下来，落到大家面前，原来是碳宝。

他清了清嗓子，说："这里确实是咱们环球旅行的第一站，亚马孙森林的一场火灾。"

"我们在南美洲？果然是环球旅行啊。"卢昕昕默默地说。

虎子说："能不能让我们也到树上去？这里烟太呛人了。"

"好嘞！"碳宝话音刚落，就抓住三人的胳膊把大家都挂到了树杈上。

"呃，碳宝，你说为什么这里会起火呢？"林小鱼问。

"是人为的。亚马孙部落的居民长期采用刀耕火种的方式种植庄稼。他们用刀把树木砍倒，将树木的根枝茎叶

和草用火焚烧。经过火烧的土地变得松软，虫卵也被烧死了。不用翻地，直接利用地表的草木灰作肥料，播种后不用施肥，很快就能长出玉米和土豆。"

"那庄稼收成了以后又要烧吗？"卢昕昕想起自己爷爷家种地，"我爷爷种地还需要浇水施肥，才能养护出小苗来。等到下一季，又要开始精耕细作。"

"原始的农业都是从刀耕火种开始，一般一块地就种一年，收成以后再换个地方又重复一遍。之前烧过的土地要休养生息，重新供给植被生长，等到十几年以后再回过头来耕种。"

林小鱼说："啊，这样效率太低了，肯定收成很少。"

"是的，所以原始部落的居民一直以来都在跟着耕种土地的变化而迁移，没有定居的地方，很少饲养动物，只有捕猎能手能打到一些野味来给部落居民补充点营养。人口就不多了。"

"真是太浪费了。幸亏人口少，不然怎么够他们吃。"虎子拍拍肚子。

"不只亚马孙的居民是这样，全世界最早的原始部落居民在农业刚开始的时候都是采用这种方式来耕种土地的。这种方式也有其明显的好处。比如，土地耕种后残留下的生物质腐殖化，会使土壤偏酸性，而燃烧后剩下的草木灰含有大量矿物质，是碱性的，留在土壤中可以保持土壤的中性；还比如，树枝在不完全燃烧的情况下会遗留下一些炭化的成分，成为生物炭，可以让土壤变得疏松，具有更好的通透性和吸附性，保水保肥。”

卢昕昕望着林中弥漫的烟雾，说：“但是，这种焚烧的方式会污染空气！”

“有机质焚烧后，可能产生很多有害气体，而且其中大部分都变成二氧化碳，释放到大气层中去了，增强了温室效应。”

“唉，太糟糕了。”虎子摇摇头。

碳宝摆摆手，说：“不要急着下结论。这未必都是坏事。早期的原始部落居民都生活在寒冷的冰川时代，他们好不容易学会了使用火的方法，开始年复一年地烧荒。

在经历了漫长的冰川时代之后，大气中的二氧化碳浓度升高，气温不断攀升，一万年前进入了全新世暖期，促成了物种迅速繁盛。原始部落的人口也开始快速增长起来。"

"四大古文明的诞生是不是与这个有关？"林小鱼问。

"是的，那是人类文明的前夜。好了，让我们快点离开这个烟熏火燎之地，找一个春暖花开的地方。"碳宝挥了挥手，小家伙们眼前小绿点开始快速闪烁，气旋很快把他们都吸了进去。

猎鸭比赛

林小鱼睁开眼来，发现自己躺在一条小船上，船随着水波有规则地荡漾，像是躺在温暖的摇篮里或是妈妈怀抱里一样舒服。他坐起身来，看到卢昕昕和虎子也在船上，扒着船舷向外望去。眼前是一汪清澈的湖水，倒映着四周高大的树木和鲜艳的花草。湖中央有许多芦苇。好几只水鸟在其中，有时在水面上游玩嬉戏，有时飞起来抖落一身水花，吹来温暖潮湿的风。

"快看，那是什么鸟？"卢昕昕指着它们。

"那是野鸭。"碳宝躺在船头，双手枕着头仰面朝天。

林小鱼仔细看去，发现湖中还有几个人在游泳。不！确切地说，他们是边游边朝着野鸭扔石头。湖边还有几条

小船，上面有人跃跃欲试地准备下水加入。

"他们在干吗呢？"林小鱼问。

"猎鸭。"碳宝说。

虎子凑过来对林小鱼说："他们穿着好奇怪，男的都围了个围裙。"

"哈哈！你们眼前就是尼罗河峡谷里面的古埃及大型猎鸭比赛现场。谁能打到更多更肥的野鸭，谁就赢得了这场比赛。那些家伙都是准备下水参加比赛呢。"

"这么说我们不光能穿越空间，还能到达古代！"卢昕昕回头说，"碳宝，你太厉害了！给你一个大大的赞！"

碳宝不好意思地摸摸头，被小美女的点赞感动到了。

林小鱼说："尼罗河，是世界上最长的一条河吧？"

"是的，发源于东非多雨地区的尼罗河为下游带来充沛的水源和泥沙，每年定期泛滥，形成广袤的沼泽、湿地和冲积平原，土地肥沃，水草丰美，非常适宜耕种。古埃及文明就在这片流域的湿地上诞生。"

卢昕昕托着腮问道："你之前说过冰川时代之后，全球的气温都升高了，可为什么古文明诞生的地方只有四个呢？"

"这是个特别好的问题！"碳宝夸赞卢昕昕，"这恐怕要归因于发生在5000年前的一次地球冷事件。当时地球上平均气温突然降低了2摄氏度，气候开始变得干暖，人们开始寻找淡水资源丰沛的地方。因此，在世界上几个重要的大江大河流域，开始形成了最早的人类古文明。"

"哦，这条尼罗河就是个好地方。"卢昕昕恍然大悟。

"是的，你们别看尼罗河周边水草茂盛。往东西方向更远一点就都是沙漠了，气候干燥得很。所以，人们只有聚居在这个地方生活，发展农业，才能安居乐业下去。"

虎子问："那其他几个古文明在哪里呢？"

"还有两河流域的苏美尔文明和古巴比伦文明，那是世界上最早的古文明。"

林小鱼笑着说："巴比伦我听说过。我在奇妙环境馆旅行遇到的第一个学者就去过巴比伦。"

"是的，你去了2500多年前的古希腊小亚细亚，那里与两河流域的陆地相连，但是巴比伦文明在那时已经接近灭亡了。"

"啊，好可惜。那么还有哪些古文明呢？"林小鱼惋惜道。

"还有印度河与恒河流域的古印度文明。还有一个古文明你们都知道咯。"

"我知道！"虎子此时最为积极，"就是中国！"

碳宝笑道："是的。确切地说，是黄河与长江流域的华夏文明。古代文明都是沿着河流发生。生命离不开水，人们只有在大江大河的冲积平原上才能找到适宜耕种的土地，并且傍水而居。在结束了刀耕火种的时代以后，人们在肥沃的土地上能够开展一种精耕细作的耕种方式，逐渐定居下来，生儿育女，饲养动物，建筑房屋，过上了田园生活。"

卢昕昕赞叹道："我学过一首诗，你们看用来描述这个情况合适不？'君住江之头，我住江之尾，日日思君不见君，共饮一江水。'"

"人们这么喜欢住在水边，可是一旦发起洪水，田地、房屋就都没有了。"

"是的，人类傍水而居，但也深受水灾困扰。比如，长江和黄河，都发源于地球海拔最高的西部雪域高原的冰川融水，在高山中切割出峡谷，一路向东奔流入太平洋，冲积出广阔的平原湿地和众多的湖泊，构建出丰富多彩的生态环境和变化多样的物种群落。

"然而，在4000年前左右，气温发生了剧烈变化，黄河流域发生了一场巨大的洪水，可能是地球过去一万年以来的最大洪水，对黄河下游生境造成重大影响。"

"那会不会是大禹治的那个水啊？"林小鱼问。

"有可能。在后来的暖湿期、干冷期、中世纪暖期、小冰期和20世纪增温期的剧烈气候变化中，这些生态环境又会不断演变，也促使不同的部落不断迁移和融合。"

林小鱼点点头，说："原来生态环境变化与人类文明的进程也是息息相关的。"

"是的。哈哈，不过既然谈到人类文明，有一个标志性的东西是必须要去参观一下的。"碳宝突然咧开嘴笑了起来。

"什么标志啊？"

"那就是——厕所。"

不等三个小家伙反应过来，碳宝就挥挥手，小绿点开始快速闪烁，新的气旋出现了。

厕所在哪里

"碳宝这是把我们送到哪里来了？这地方像个迷宫。"虎子边走边抱怨。

一行人正在一座看不到尽头的宫殿里面穿梭。他们穿过一道道门，走过许多蜿蜒曲折的走廊，经过很多大大小小的房间和院落，甚至爬过上上下下数不清的楼梯和台阶。

"唉，碳宝说必须找到厕所才能见到他。可是我刚刚数过，这里楼上楼下足有五层，房间嘛估计上千，一间连着一间，哪里是厕所啊？"卢昕昕回头问林小鱼。

林小鱼点点头："有厕所的地方一定有水。我们找水管就行。"

卢昕昕指着墙壁上一幅幅的壁画，羡慕地说："他们墙壁上的这些壁画真好看，色彩这么鲜艳，画中女孩子的衣服也好漂亮！"

"画里面的算什么？能动的更好看！"虎子忽然压低声音说道。

卢昕昕回头看去，迎面走来几个端着果盘的少女，皆是一头黑色卷发，穿着图案鲜艳的长裙，佩戴着珍珠和水晶做的头饰和项链，像是从画中走出来的一样。

虎子走上前去。

林小鱼拉住他，说："干吗啊？"

"去问路啊！问问厕所在哪里。"

林小鱼摇摇头："你忘了碳宝说过，这里的人太多了，为了避免被他们误会而抓起来，这次他们都是看不见也听不见我们的。"

虎子有些不甘心，望着果盘里新鲜的苹果，顺手拿走一个放进兜里。

"嘿！别捣蛋！"卢昕昕嗔道。

几个少女步履匆匆，倒是没有发现苹果少了一个，就走过去了。

虎子得意地朝林小鱼眨眨眼。

他们来到最底层，进入到一间特别宽敞的房间，进门回头看到墙壁上画着五只天蓝色的大海豚在跳跃嬉戏。

"这间房这么阔气，肯定是国王的寝殿了。"卢昕昕惊叹道。

林小鱼点点头："都这么底层了，竟然还这么敞亮，通风采光都不错哈。"

虎子四处转着，走到了隔壁的房间，惊叫起来。

林小鱼和卢昕昕赶紧跑过去，只见房间内一个大浴缸，碳宝正在里面悠闲地划水呢。

"哈哈！欢迎来到4000年前的克诺索斯王宫。"碳宝说道。

"4000年前？竟然有这么精美的浴缸？"卢昕昕惊呆了。

林小鱼也赞叹道："看来这里就是厕所了。"

"怎么没有闻到臭味呢？"虎子使劲吸吸鼻子。

林小鱼发现房子里有一个类似座椅的东西，但是中间有个洞，他走过去看，洞下面竟然有个槽，还有冲过水的痕迹。

"难道这是个冲水马桶？"他也惊呆了。

"答对了！"碳宝从浴缸里面跳出来，指着那个水槽说，"这是个排水渠，一直通到外面。当国王在这里方便之后，就会有人端来水冲厕所，保持屋内整洁卫生。水真是人生好伴侣啊！"

"这真是很方便呢！"卢昕昕说。

"方便一小步，文明一大步。这个发明后来被广泛应用在古希腊、罗马等地，罗马甚至修建了非常多的下水道，用于排雨水和污水。而在更早的中国龙山文化时期，也有许多使用陶管拼接起来作下水道的城市。"

"难怪现在的城市都有非常复杂的下水道系统。"林小鱼说道。

"是的，城市是文明的象征，要想建设一座城，没有先进的厕所和排水系统是肯定不行的。"

微生物特种部队

林小鱼仔细看着眼前的冲水马桶，想到一个问题："有了这个东西，人们生活的环境是整洁卫生了，但是这些污水被冲到了自然环境中会让环境变得糟糕吧？"

碳宝笑了："是的，人作为一个生命体，为了对抗熵增，需要呼吸、排泄，排放到污水中的主要就是新陈代谢产生的各种排泄物。"

卢昕昕皱起眉头。林小鱼拍拍她的肩膀，说："就是一些碳水化合物、蛋白质和脂肪。"

"林小鱼说得对，这些物质对人和肠道菌群来说是代谢产物，但是对于土壤和水体中的一些微生物来说，是它们所需要的营养物，而且主要组成元素还是碳、氢、氧、氮、硫、磷这些元素。大分子的有机物分子会被分解成小分子，再转化成酸、甲烷或二氧化碳等。还有一些细菌会将分解出来的氮元素从氨变成氮气，释放到大气中，实现氮循环。"

"那磷怎么办？"林小鱼追问道。

"嗯，磷是组成蛋白质、核酸、ATP、磷脂等生物分子的必需原料，一般随着食物链迁移，当然也会在新陈代谢中被排出去。它们可以被分解释放出磷酸盐，如果进入土壤会被微生物或植物吸收，如果进入水体会被藻吃掉。"

卢昕昕问："如果是蓝藻或者绿藻吃多了就会长得到处都是，水也会变臭。"

"是的！你真聪明，"碳宝夸赞她，"不过土壤中的磷也可以与一些钙、铁结合生成不能被植物吸收的磷，成为土壤中的磷储备，当环境条件改变时释放出来后会进入食物链。如果是在水中，则沉淀进入水底沉积物，在后来的生物利用中重新进入水体或者千万年后演变成含磷的矿床。所以，磷是不会进入气体中的。"

"原来环境中的微生物可以把我们制造的麻烦都解决

掉，哈哈！"虎子拍拍手。

林小鱼不同意："可是，如果一个城市每个人每天都产生大量的污水，这些污水都通过下水管网冲到周边的水域中去，那环境中的微生物来得及分解它们吗？"

"而且，目前地球上的人口这么多，我们城市人口又这么集中，恐怕小小的微生物忙不过来吧。"卢昕昕也担忧地说道。

碳宝挥一挥手，三人的眼前很快转换了场景，来到一个大水池边上。池中的水像是顺着水泥分隔出的跑道在迂回流动，水颜色很深，夹裹着许多泥，冒着气泡。

碳宝指着水池说："这是一座污水处理厂。城市污水会通过管网收集到污水处理厂进行专业化的处理。这水里驯化了一批微生物特种部队，专门把污水中的碳、氮、磷当作营养物来吃，经过它们处理的水中的有机质大大减少，可以外排到附近水域中或者回用到城市里面。有的受纳水体要求高，还需要进一步深度净化。"

"那这些微生物会不会越长越多，导致最后我们城市都装不下了？"林小鱼追问。

"那还确实是有可能。微生物利用有机质来供给自己新陈代谢的能量，同时也会合成新细胞质，从而繁殖出新的微生物，有部分老的微生物死亡以后堆积起来，就被称为剩余污泥。一座城市每天都会产生成百上千吨的剩余污泥，大家都在头疼怎么处理它们。"

"把它们都埋起来。"虎子说。

"地不够了。"

"它们是有机质，可以把它们烧掉吧？"卢昕昕问。

"含水量太大，脱水很麻烦。烧了又增加了二氧化碳排放量。如果是用来发电，倒是要算一下与化石能源相比碳减排量是否合算。"

"那能不能把它们利用起来，变成有用的物质呢？"

"那就要去下一个地方看看了。"碳宝笑了笑，手一挥，小绿点快速闪烁起来。

静脉产业园

天蒙蒙亮，街区人很少。晨风调皮地在路面上旋转舞蹈，卷起一些落叶和泥沙。人行道上没有熙熙攘攘，一个个撑得饱饱的垃圾桶却揭示了昨夜的热闹景象。

林小鱼几人站在路边，看到一辆扫地车缓缓开了过来，一边开一边清扫着路面，把落叶和泥沙都吸进了庞大的厢体中。

后面还跟着个垃圾车，停在一组垃圾桶边，从车顶放下了一个手臂，司机走下来，将一个垃圾桶放上去，机械臂很快就将垃圾桶抬升，将里面的垃圾都倾倒在车上的厢体内。

"哇，这就是在收集垃圾吗？"

"看，机械化的收集好快。这才一小会儿，这一片街道就被打扫干净了。"

"这就是真正的清道夫，哈哈！"碳宝笑道。他头顶小螺旋桨一转，又飞往一个小弄堂，说，"跟我来看看这边。"

林小鱼几个赶紧跟上，穿过弄堂，来到了一个略微狭窄的街道，只能通过一辆车，路两边的人行道也只够并排走两个人。有一些不起眼的门敞开着，里面走出几个年轻人，手里拧着几个大桶，搁在马路边。

"这些屋子里面是做什么的呢？为什么会有这么多垃圾？"林小鱼问。

"这个地方别看不起眼，可都是车水马龙，人山人海的小吃一条街呢。大门在另一侧，这边是供后厨运货的后门。"碳宝轻声说。

"哦，那他们搬出来的就是餐厅前一天营业产生的餐厨垃圾咯？"卢昕昕恍然大悟。

"答对了，"碳宝说，"每天清晨，都是餐厅清运餐厨垃圾的时候。如果不及时把垃圾清走，怎么能保持餐厅的整洁卫生呢？"

此时，有一辆中型的卡车开过来，大家把一部分垃圾桶交给卡车司机，里面的垃圾收集到了车子厢体内，然后回去继续等在路边。

"为什么有的垃圾不交给垃圾车呢？"卢昕昕指着剩下的桶子。

"别急，这叫分类收集。刚才收走的垃圾是餐厨垃圾，就是厨房在准备食材时剩下的材料和顾客的剩菜剩饭。剩下的是餐厅清洗锅碗瓢盆，以及清理部分汤水时流进下水道，又通过特殊的油水分离装置截留下来的油污。这个和餐厨垃圾的处理方式不一样，需要分开清运。"

果然，又有一辆小型卡车开过来，收走了剩下的桶子。

虎子感到好奇，问："接下来这些垃圾会被送到哪里去呢？"

"走，我们去看看。"碳宝一挥手，几个人就来到了一个郊区的类似工厂的地方。厂区特别宽阔，里面有许多排厂房，还有几个非常高大的圆柱形罐子。厂房前有个特别大的前坪，停了好多辆垃圾清运车。还有许多车子从厂区前的马路上陆陆续续开过来。

工厂大门上面写着五个大字：静脉产业园。

"嘿，有意思！这些垃圾车把一个城市的垃圾运过来，就像血液静脉回收了身体各处细胞产生的代谢产物，送到了一个解毒的地方来处理了。"虎子赞叹道。

这个静脉产业园的第一排厂房修得不高，但却很宽，有好几道门。有的垃圾车从那些门开进去，抬起后面厢体，将垃圾倾倒在里面。有的垃圾车却并不卸货，而是继续往后面开。

碳宝介绍："这第一排厂房里收集的垃圾被卸到了不同的传送带上，将输送到后面的厂房里面进行处理。其他的垃圾将要送到后面更远的厂区去焚烧。"

卢昕昕问："什么样的垃圾可以在这里处理呢？"

"主要是有机质含量比较高的垃圾。比如餐厨垃圾、家庭厨余垃圾、菜市场的瓜果菜叶，还有前面你们问到的城市污水厂运来的污泥。这些垃圾主要成分还是碳水化合物、蛋白质、脂肪等物质，可以通过微生物进行厌氧或者好氧的转化，转变成有用的物质再循环到我们的生态圈里面去。"

"那些超大的密封罐子是作什么用的呢？"虎子指着不远处矗立着的几个圆柱形大罐子问。

"是厌氧菌住的地方吗？"林小鱼说。

碳宝举起小胖手与他击掌，说："对了！就是厌氧发酵罐，就像动物消化食物用的肠道。"

"我越发糊涂了，这和动物消化食物有什么关系？"虎子不解地挠挠头。

"哈哈，你们见过牛吃草吗？"

"我见过。去年爸爸妈妈带我去草场玩，有好多奶牛呢，它们还会抢我手上的草吃。"卢昕昕抢着说道。

"是的，奶牛的肚子里有很多喜欢吃草的厌氧微生物，可以将这些草消化降解成为供给牛和它们自身吸收的小分子物质。这些罐子里面的厌氧微生物也在干着同样的事情。它们可以用有机垃圾作原料，把其中的碳元素转变到许多有用的物质里面。

"比如甲烷。奶牛每天吃草会排出许多甲烷。含水量较高的有机垃圾经过除杂破碎后，液相部分会送到厌氧发酵罐，有机物中的碳也大多被转化成甲烷，输送到旁边厂房里的罐子里，净化后可以用来产热发电，供给厂区使用，甚至纳入电网给城市供电呢。

"比如脂肪酸。通过控制厌氧发酵过程的条件，还可以把有机物中的碳大多转化成短链脂肪酸或者中链脂肪酸，如乙酸、乳酸等，这可是工业生产中的常见原料，可以替代掉一些石油化工产品，生产出日常生活所需的用品。"

"那好氧菌能不能干这些活呢？"林小鱼问。

"厌氧菌只能用来处理含水量较高的有机垃圾。如果有机垃圾的含水量较低，就得通过好氧菌处理。这些垃圾经过除杂破碎，再与污泥、秸秆等混合，添加一些菌种，经过一段时间，它们会将有机物分解成为带有许多含氧活性基团的腐殖酸等小分子物质，并产生高温，除掉了垃圾中许多水分。再经过一番熟化，垃圾中的有机质被充分腐殖化，这个过程被称为堆肥。堆肥产品可以改良土壤，刺激作物生长等。经过加工和检验合格后即可作为有机肥供给附近的农家施用到花圃和果园里，养出来的花朵鲜艳，果实甜美。

"有一些有机垃圾中的固渣还可以用来作为养殖昆虫的饲料。这些昆虫在吃了垃圾之后，可以生产出昆虫蛋白用作动物饲料，而昆虫的粪便可以用来堆肥做成肥料。"

卢昕昕赞叹："哇，难怪垃圾被叫作放错位置的资源，改造一下就变成这么多宝贝。"

"嗯，你们还可以想一想，既然垃圾里面有这么多可以利用的资源，我们还可以用什么方式去处理回用它们呢？"碳宝笑着问。

　　林小鱼摸摸头，说："甭管用什么方法，你们发现了没有？垃圾的处理都是要分类来进行。所以要真正实现垃圾资源化利用，做好垃圾分类很重要呢。"

　　碳宝笑着点点头，挥挥手，小绿点快速闪烁。

生态城

　　三个小伙伴睁开眼，看到了几座高耸入云的建筑，有着粗大的圆筒状柱身，顶端像倒过来的伞，直径足有几十米，仰面朝天。巨大的建筑柱身上栽种着多种植物，与四周各色花草树木交相映衬，形成一种奇幻的景观。

　　"这些是什么啊？真美！"卢昕昕指着那些"伞塔"状的建筑问道。

　　"这些建筑可不只是景观而已，每棵树顶端都有太阳能板，白天的时候可以利用太阳光发电。将光能变成电能供给整个花园，就像树一样。这里所有的能源都取自花园内部，自给自足。"碳宝从旁边的树梢上飞下来。

卢昕昕问："那只靠太阳能供电就够吗？"

"那肯定不行。你们看，那边还有两个大温室，里面采用立体种植的方式栽种了各种奇花异草。那可是两个用电大户。所以这里还会收集花园里的枯枝烂叶等物质用来燃烧发电的装置，埋在地下。这个电力再加上太阳能发电就可以满足花园用电需求了。余热还可以用于温室和其他能源供给。"

"那燃烧出来的废气怎么办呢？"林小鱼问。

"排出的烟气经过净化通过其中一棵树的主干排到高空。"

"这里种植物的水和肥料不会也是自给自足吧？"卢昕昕又问。

"肥料是采用废弃的生物质加工而成。至于水嘛，这里从屋顶到地面修建了许多雨水收集装置，让雨水能够自然地积蓄、渗透、净化，再用于温室灌溉。"

"哇！这样城市就像海绵一样，可以吸水，又可以放水。"林小鱼说。

碳宝又说："城市的出现是人类经过数百万年的进化走向文明的标志之一。越来越多的人选择城市的生存方式，群居在一起，共享城市的资源。但是地球生态系统

好像还没来得及为这个新事物做好准备呢。怎么让城市变成一个可持续的有机体,让城市顺应自然,成为一座生态城,就变成了摆在人类面前的一道难题。"

"那有什么难?我们可以在城市里面建很多公园,种许多绿树,再栽一些漂亮的花,还可以修假山,挖池塘,甚至挖人工湖。生活在这样的城市里,就像住在大花园一般。"卢昕昕说。

虎子也说："如果是我来建生态城，就要建一个大大的水池，里面要养好多海豚、鳐鱼、海龟和各种奇形怪状的鱼。还要建一个冰雪屋，养许多只企鹅和北极熊、北极狐。"

"你要开动物园吗？"卢昕昕打趣他。

"让整个城市都变成动物园，多有意思！我们可以天天与动物一起玩。"虎子为自己的想法感到兴奋。

碳宝摇摇头，说："有山有水有花有草有动物，这些是美好环境的元素，但是顺应自然并不是把自然元素简单聚集在一起就可以。如何建成一座生态城，关键在于你站在什么样的角度看待这座城了。"

卢昕昕说："我们是生活在城市里的人，当然是从市民的角度来看待城市啊。"

碳宝笑而不语。

林小鱼挠挠头，说："你说过，当复杂的系统跨尺度、跨层次演变时就会涌现出新的特征。就像千千万万个细胞汇聚成生物体，数十亿的微生物从泥土里迁移到高等生物体内。当人放弃了在冰原或丛林或泥土上的野生方式，集体居住在钢筋水泥的城市森林中，是不是就共同组成了一个更高等的有机体？"

碳宝打了个响指，说："漂亮！就是这样。所以城市的问题要从城市的角度来解决。要想让城市充满活力，就要维持它成为一个非平衡条件下的开放系统。城市的内部会不断产生熵增，就需要从外界引入物质、能量和信息的负熵流，这就是新陈代谢。"

卢昕昕说："新陈代谢，这不是每一个生物体的本能吗？"

"是的，所以我们要把城市建设成自然有机体，就必须让他能够顺畅地开展新陈代谢。比如，人的身体为了供养身上的所有细胞和多于它10倍的微生物细胞，构造出了非常精妙的八大系统，其中消化系统、呼吸系统、循环系统、泌尿系统4个系统就与新陈代谢直接相关。神经系统和内分泌系统对于这个过程也至关重要。

"在城市里，我们也同样需要建设出发达的物质、能量和信息流动的系统，保持开放和交流，实现资源的循环利用，使每一个生活在城市里的人都能生活得越来越美好，城市就越来越有活力，生机勃勃。"

"碳宝，你既然可以带我们穿越时空，那可以去未来看看吗？好想看看未来的城市是什么样子的？是不是已经建成了许多生态城呢？"林小鱼问。

　　碳宝帅气地一甩头上的小卷毛，说："当然没问题。我想想哈，去什么地方呢？嗯……有了，我们走！"说完就挥挥手，这次的气旋是五颜六色的转盘，开始快速旋转。

　　正当小家伙们被吸入气旋时，耳边突然响起一个缥缈而清晰的女声，用极快的语速说道："警报！系统连接出错！警报！系统连接出错！"

火星度假小屋

　　一阵狂风卷着漫漫黄沙扑面而来，瞬间噼里啪啦砸在林小鱼眼前的防护罩上。他只能抱着头趴在一块岩石后面躲过这阵风沙。不远处，还有卢昕昕和虎子，都与他一样，穿着从头包到脚的防护服，躲在另一块岩石背后。

　　"林小鱼，我们要趴在这个地方等到何时啊？"耳边传来虎子的声音。虽然通过防护服内部的通信系统传音十分清晰，但也能听见呼呼的风声。

　　"别慌，先躲过这阵风。"

　　"碳宝不是说带我们到未来参观生态城吗？这恶劣的情景简直堪比火星啊！"卢昕昕说道。

　　"没错，你们是来到了火星。"碳宝的声音同时传到了他们耳中。

　　"碳宝！"卢昕昕惊呼，"你怎么把我诓到火星来了？"

　　"呃，这个嘛……"碳宝顿了顿，说："刚才穿越的时候，系统好像出现了故障……虽然这里不是未来，但还是与现在的地球挺不一样的。总之嘛，欢迎来到我的火星度假小屋参观！"

　　"你的火星度假小屋？"虎子惊呼。

　　"是啊！我花了好几天设计建造出来的呢，用掉了我飞船里不少材料。"

　　"可是你在哪里呢？我们怎么没看见你？"林小鱼探出脑袋张望了一圈，仍然只看到戈壁、黄沙和一轮落日。

　　"等一等，我躲在你右后方的石头后面呢，可不能让这不长眼的风吹乱我帅气的头型。"

　　三个小家伙脑海都有数只乌鸦飞过。

过了一会儿，风沙终于停了下来。三人都站起身来，活动活动手脚，还算健全，只是抖落了一身黄土。

"这火星的环境真是一言难尽啊！"虎子叹气道。

碳宝嗡嗡地飞了过来，说："系统故障这件事情真是非常抱歉，如果是到了未来，这座小屋环境肯定会好很多。我也不知道这个奇妙镜在外景地使用时有那么多复杂的流程。手续没有办齐……"

"你不会是未经许可就把奇妙镜带出来的吧？"林小鱼有不祥的预感。

"这个嘛……"

"确实是未经允许，"苏珊的声音从遥远的天边传来，"碳宝，你如果再不办手续就擅自使用奇妙镜，就将被解雇讲解员职位。"

"我保证，只此一次，绝不再犯！"碳宝立马朝天上不知名的方向立正敬礼，接着说，"我这不是为了补偿，连自己的小屋都拿出来参观了吗？不论我这个讲解员带团能力如何，我的奉献精神应该还是值得肯定的吧？"

"呵呵。我看你就是想趁机看看自己的小屋在未来建得如何。"

"……"

之后一会儿，苏珊的声音没有再响起。

"嘿嘿，她应该下线了，"碳宝搓搓手，笑眯眯地说："来吧，小家伙们。"

由于穿着防护服走得比较慢，碳宝好几次用"抓鱼"的方式帮助三个小家伙加快行进速度。他们绕过了一座山，来到位于山谷平地上一处透明的封闭式棚子。走进去，就看到地面上插着一排排奇怪的一人高的柱子，柱子上有一片片平面展开的闪着金属光泽的叶片，上上下下还接满了管子。

"好了，你们可以脱掉防护服。"碳宝说道。

脱掉笨重的防护服，三人立刻神清气爽起来。

"这里空气还挺清新的，是怎么供应氧气的呢？"卢昕昕问。

碳宝朝那些柱子努努嘴，说："就是靠它们呢，我把它们称为'合成树'。"

"合成树？"三人惊讶地说。

"是的，这些树有非常丰富的根系，都是用选择性传质材料做成的毛细管，深深地插在火星土壤中。树冠上集成有光热材料，带动这些毛细管内的水分向上升，并且到达各个枝杈。由于是选择性分子传质的毛细管，火星土壤中大量有毒的化学物质传不过来，因此只有水分被收集进入叶片层隙间的通道内，而这些叶片是用半导体材料、金属卟啉有机骨架分子和共价有机骨架分子组成的。"

"啊，我知道了。这就是在模仿地球上的叶绿素中的光催化单元。"林小鱼说。

"是的。尽管火星大气十分稀薄，但其中95%都是二氧化碳，比地球大气中的还多。叶片上的材料在太阳光入射后，会以很高的效率产生光生电子和空穴，能够催化二氧化碳和水，生成碳水化合物，并释放出等当量的氧气，用于调整棚子内的空气组分。"

卢昕昕赞叹道："这就是一个营养物的制造工厂啊！"

"这些树能够很便捷地制造出甲醇和乙醇，可以给我的飞船提供能源动力。当然也可以合成葡萄糖做成营养液，不过不是我自己喝哦。以后有空时，我想来这里度个假，收集一些地球上的生物在这里养一养，首先从蓝藻开始，让它们吃好喝好，看着它们快快长，过着美好田园生活。

"你们看这里，从地下收集来的水还可以用来调节棚内的空气湿度，并且储存起来，等将来建成真正的生物温室时就可以用上。嘿嘿，虽然现在看上去还有点乱，等未

来，我会把这里变成一个美丽的花园。"碳宝的小眼睛此时亮晶晶的，神采飞扬。

"我长大了也想在这里建花园！要是整个火星都能变成一个大花园就好了。"林小鱼说。

"有理想！"碳宝拍拍他的肩。

一辆火星车

碳宝打开一个工具箱，开始摆弄他的合成树，就像一个园丁在打理他栽种的植物。他边干活边说："不过，这里可能曾经也是一个美丽的大花园。"

"啊？火星曾经有生命存在过吗？"虎子惊讶道。

碳宝指了指棚子外面，说："你们看那边。"

透过棚子的透明膜，他们看到远处平缓的沙坡上，一辆张着两张薄翼翅膀似的太阳能板的六轮小车在缓慢地行驶，车顶上有个细长脖子支着的小脑袋在转动。

"那是火星车吗？"卢昕昕兴奋地问，双眼亮晶晶的。

"也许吧。那个家伙在我来之前就已经在这一带活动。"碳宝双手交叉在胸前，歪着小胖脑袋审视起那辆小车。

"它在干什么呢？"林小鱼好奇地问。

"应该是在确认火星有没有生命。"碳宝说。

"火星地表没水，空气中没有氧气，环境这么恶劣，生命怎么活得下去呢？"虎子不相信。

碳宝摇摇头，说："你们想，46亿年前，火星和地球同时在太阳系星云中形成，都处于太阳系的宜居带内，都承受着大量陨石撞击，表面都是高温的岩浆海，密度较大的铁镍金属就会慢慢沉积成为行星的核心，当然这里面也夹杂着碳。在表面冷却后，内部的核心仍然维持着高温运转，构成行星磁场，从而保护地表免受猛烈的太阳风的伤害，并且保持大气层的稳定。

"地球38亿年前开始出现生命，而火星那时也是一颗拥有潮湿环境的星球，曾经出现过大型的湖泊和海洋，按道理应该是能够出现类似蓝藻等微生物的。但是火星太小了，难以维持内核热源活跃，磁场消失，被太阳风吹散了大气，变成今天这样干冷的世界。"说到这里，碳宝叹了口气。

"难怪你说那辆火星车是在寻找生命。可是如果生命都已经消失了,它还能找到吗?"卢昕昕有些担心。

"可以,比如寻找生命留下的痕迹。火星生命在新陈代谢过程中可能形成某些气体、矿物和其他生物标志化合物。比如安装在火星车上的一种拉曼光谱传感器,就可以原位分析火星土壤矿物质成分、有机分子,并且将分析数据传送回地球,从而让人类了解火星生命存在过的痕迹以及消失的原因。"

听到这里,林小鱼有些疑惑:"那地球为何可以一直繁荣呢?"

"你们穿上防护服,跟我来。"

所有人都走到了小屋外面的山坡上。此时,夜幕落下,四周一片寂静,由于大气稀薄,天上的星星格外耀眼。

"你们看,那就是地球。"碳宝指着天边的一颗星,在夜空中散发着明亮的光彩。

三人顿时屏住呼吸,凝望着这颗美丽的星星,竟然感到了一股暖流从心底涌出,是无比的感动,亦有无尽的思念。

碳宝慢悠悠地说:"地球,真是一颗恩宠之星,在最佳的时间,最合适的地方存在着。太阳在源源不断地向

地球供给能量，地球通过自身内核磁场的运转将高能粒子流导向南北极，只将最温和的阳光拥入怀中，滋养万物。它们就像两个高明的舞者，一个热烈，一个柔和，在宇宙这个舞台上你来我往地战斗着，又亲密无间地合作着。这个过程驱动了地球上物质的循环、能量的流动和信息的传递，生命就此不断繁衍生息演化。"

卢昕昕红着眼眶说："哎呀，我忍不住流眼泪了。原来我们受到了如此恩宠，回去一定要好好保护这颗星球。"

"是的，以后我一定要好好学习本领，不让我们的美好环境受到伤害。"虎子拍拍胸脯。

"诸位，先别感动了，看那边！火星车朝我们开过来了！"林小鱼提醒道。

虎子下意识地躲到了林小鱼身后，说："糟了，林小鱼，它会不会把我们当外星人抓起来发回地球啊？"

"碳宝，我们快走！"林小鱼见碳宝还在冲着火星车发愣，喊道。

碳宝这才回身，嘴角噙着笑意，摆摆手。

众人眼前小绿光快速闪烁，五彩的气旋又出现了，他们瞬间被吸了进去，只留下六轮火星车停在原地。

36

重返校园

漫长的暑假终于结束了，由于疫情得到了有效控制，学校都宣布正常开学。

清晨，阳光透过层层绿色洒落在校门前的自然路上，照着上学的孩子们欢快的笑脸。经历过一整个暑假，孩子们再见到亲爱的伙伴，都格外开心地打着招呼。校长和几位老师站在校门口笑眯眯地欢迎着每一个孩子。孩子们进了校门，就像欢快的鸟儿在操场上奔跑、游戏。

林小鱼穿上了崭新的白色校服，背着一个崭新的书包走向校门。他望着眼前那道黑色的铁栅栏门和上面那块写着"自然路1号"的门牌，怀着一丝希冀，又有一些担心。

"林小鱼，你怎么还在门口磨磨蹭蹭呢？我今天带了足球，一起来玩吧！"校门内先走进去的同学在催促着他。

站在校门口的汪老师挑挑眉，打趣说："小鱼儿，怎么了？隔了一个暑假认不得校门了？"

林小鱼双手握紧书包背带，深吸一口气，迈入了校门。

在他进门的一瞬间，突然眼前一暗，校门口的老师，抱着足球的同学都不见了，热闹非凡的操场也消失了。他又来到了那个高大空旷的大厅，四周还是灰暗的墙，身后那扇三米高的金属门仍然虚掩着。

"欢迎回到奇妙环境馆！"大厅中央的苏珊依然身着白色连衣裙，长发披肩，一双湖水一般的眼睛笑意盈盈地望着他。

"苏珊！很高兴又见到你啦！"林小鱼很兴奋。

"我也很高兴！"苏珊说，"你又长高了一些。"

林小鱼跳了跳，比画了一下自己的身高已经快到苏珊的肩膀，嘻嘻笑着说："还可以啦！我和爸爸妈妈自驾游回来后，碳宝也走了。我来校门口试过好几次，都没能进到奇妙环境馆。我还以为见不到你们了呢。"

　　苏珊笑着摸摸他的头，说："怎么会呢？以后还会有很多机会。你是我们尊贵的小旅行家，还有很多地方等待你去探索呢。"

　　林小鱼高兴极了："那太好了！今天你也要带我去旅行吗？"

　　苏珊摇摇头，说："今天是你开学的日子，你可要好好上课学习本领哦。"

　　林小鱼点点头，不过还是有一丝失望。

　　苏珊又说："是这样的，有个家伙要见你们一面，向你们告别。"

　　"啊，是碳宝吗？卢昕昕和虎子也来了吗？他们在哪里呢？"林小鱼四下张望。

　　苏珊点点头，递给他一副奇妙镜，说："戴上这个，你就能见到他们了。"

　　林小鱼赶紧戴上奇妙镜。耳边响起苏珊的声音："天地溯源，万物寻踪。"

新的启程

　　林小鱼睁开眼，眼前是一条蜿蜒流淌的小河，自己正沿着岸边弯曲的小径跑步，手上的腕表显示着心率、血氧饱和度、汗液组分、呼吸指数等，甚至还有空气组分情景模式，显示位置是"绿地公园"。怎么这块表一下子变得这么先进了？

　　不远处有许多栋高低层次错落相间的大楼，每栋楼的外墙都挂满了绿植，而每一层间隔错落的露台上都种植着许多树木和花卉。

　　转过一道弯，是一片翠绿的草坪和一道爬满绿苔的石墙，墙上挂着一块镜子一样闪闪亮的金属牌子：虎子生态园。

大门敞开，一个身材壮实、圆脸大眼的年轻人站在门口左右张望，见到林小鱼时突然变得十分兴奋，冲上来给了他一个狠狠的拥抱，口里喊道："林小鱼！我总算是见到你了！"

林小鱼被这突如其来的成年人的拥抱吓了一跳，有些结巴了："大叔……你……你是哪位？"

"我是虎子啊！你都这模样了还喊我大叔？"说完，虎子拉着他走到金属门牌前。

林小鱼在门牌中看到了一个青年，身材修长，双眼清亮有神。"这是我？我们来到了未来？"他惊讶极了。

"你才发现啊？我刚才也特别震惊。还看到这个牌子，竟然写着我的名字！我真的开了一个生态园！"虎子开心得手舞足蹈。

此时，一位头戴大草帽、背着一个大画板的年轻女子轻盈地走了过来，她身着天蓝色连体裤，留着齐耳的短发，面容清秀，举手投足间隐藏着一丝灵动活泼。

"怎么？认不出我了？"她冲着两个男生眨眨眼。

"卢昕昕！"林小鱼和虎子一起猜到。

虎子接过她的画板，上面画着一整版各式各样的花

草，说："你在设计公园吗？"

"不是，我刚才在给旁边那栋大楼设计外立面的绿植。没想到你还开了这么大一个生态园啊！估计里面海豚、海龟肯定少不了。"卢昕昕揶揄道。

这时，林小鱼听到了熟悉的嗡嗡声，抬头一看，是碳宝从墙头翻过来了。

碳宝的模样完全没变，还是那么小，一撮卷毛已经退到头顶，吐着舌头："虎子啊，你的生态园里竟然养着老虎，我就偷偷逗弄了一下，追着我围着虎山跑了好几圈。"

"碳宝！"没等碳宝讲完，林小鱼冲过去一把抱住他。

"好了好了！"碳宝用小胖手拍了拍林小鱼，勉强够着林小鱼的肩头，"你快把我挤扁了。"

林小鱼赶紧放开，不好意思地摸摸头。

碳宝落到地上，看着眼前高大的三个朋友，无奈地招招手。

三人相视一笑，会意地蹲下身。

"朋友们，上次答应送你们到未来看看，没能成功。我在地球的考察工作已经完成，临走前得兑现承诺啊，瞧我说话算数吧？"碳宝得意地说。

"你太厉害了！为什么我们这次会变成长大的模样呢？"虎子问。

"这不是真的未来，而是系统根据历史数据和发展趋势预测出的未来，你们的样子也是预测出来的。"碳宝解释道。

虎子恍然大悟："难怪这个生态园与我梦想中的一模一样！"

"但我不保证这会成真哦。"碳宝眨眨眼。

卢昕昕说："碳宝，真的谢谢你！"

"哪里哪里，我还要谢谢你们与我作伴呢。其实我在宇宙旅行时，大部分的时间都是很孤独的。但我在地球时，一点也不孤独。"

"你接下来会去哪里呢？"林小鱼问。

碳宝望望天空，说："先去把我的火星度假小屋再完善一下。还要前往下一个星系，寻找新的生态环境。这是我的使命。"

"其他星星上真的还会有生命吗？"卢昕昕好奇地问。

"谁知道呢？这是个神奇的宇宙。"

"那些有生命的星球会是什么样子的呢？与地球一样

吗？"林小鱼问。

"谁知道呢？它们都会有奇妙的环境，"碳宝顿了顿，慢悠悠地接着说，"环境是生命演绎的舞台。智慧的人类一直在致力于探寻生命的起因和最终的归宿，但是，却发现，从生命出现的那一刻起，新的事物不断涌现，非线性事件不断叠加，生命和环境的关系也变得愈发复杂和奇妙。"

"你是说地球的未来也不可预知吗？"林小鱼追问。

"长期以来，人类习惯用分类和线性思维方式来研究和改造世界，但是在讲述环境的故事时，面临越来越多重大不确定性问题，比如气候变化、突发疫情、新污染物，人类对环境和未来的认知已经遇到了前所未有的挑战。所以，要想把环境的故事讲好，需要运用超越性的思维，需要拥有穿越过去和透视未来的目光，需要找到一条跨越山海与星河的线索。"

说到这里，碳宝微微一笑，摆了摆手，说："好了，我的朋友们，我要启程了。好好长大，未来看你们的了！"

小绿点快速闪烁，五彩气旋显现。

附 注

本文中描写的一些人物故事除隐含了一些古代东方思想之外，还借鉴了多位古希腊思想家的观点和事迹，现将这些思想家简介如下，小读者们可以查阅他们的生平事迹，猜一猜他们的观点隐含在书中哪些地方。

泰勒斯（约公元前624—公元前546年），出生于小亚细亚半岛西海岸的米利都城，自然科学家和哲学家。

阿那克西曼德（约公元前610—公元前545年），米利都人，哲学家，泰勒斯的学生。

阿那克西美尼（公元前586—公元前524年），米利都人，哲学家，泰勒斯和阿那克西曼德的学生。

赫拉克利特（约公元前544—公元前483年），出生于小亚细亚半岛的爱菲斯城，哲学家。

毕达哥拉斯（约公元前580—约公元前500年），出生在爱琴海中的萨摩斯岛，数学家和哲学家，后移居西西里

岛。

恩培多克勒（约公元前495—约公元前435年），出生于意大利西西里岛，哲学家。

阿那克萨戈拉（约公元前500—约公元前428年），出生于小亚细亚半岛的克拉佐美尼，自然科学家和哲学家，阿那克西美尼的学生，曾居于雅典。

德谟克利特（约公元前460—公元前370年），出生于色雷斯海滨的阿布德拉，哲学家，提出了原子论的思想。

希波克拉底（公元前460—公元前370年），出生于小亚细亚科斯岛，西方医学奠基人，曾居于马其顿王国。

老子（生卒年不详），中国古代思想家。

图书在版编目（CIP）数据

奇妙环境馆 / 汤琳著. —长沙 ： 湖南科学技术出版社，
2022.10 （2023.8重印）

ISBN 978-7-5710-1613-5

Ⅰ．①奇… Ⅱ．①汤… Ⅲ．①自然科学—少儿读物Ⅳ.
①N49

中国版本图书馆 CIP 数据核字(2022)第 096241 号

QIMIAO HUANJING GUAN

奇妙环境馆

著　　者：汤　琳
出 版 人：潘晓山
责任编辑：汤伟武
出版发行：湖南科学技术出版社
社　　址：长沙市芙蓉中路一段 416 号泊富国际金融中心
网　　址：http://www.hnstp.com
湖南科学技术出版社天猫旗舰店网址：
　　　　　http://hnkjcbs.tmall.com
邮购联系：0731-84375808
印　　刷：长沙市宏发印刷有限公司
　　　　（印装质量问题请直接与本厂联系）
厂　　址：长沙市开福区捞刀河大星村343号
邮　　编：410153
版　　次：2022 年 10 月第 1 版
印　　次：2023 年 8 月第 3 次印刷
开　　本：880mm×1230mm　1/32
印　　张：6.5
字　　数：115 千字
书　　号：ISBN 978-7-5710-1613-5
定　　价：38.00 元